Anke Nienkerke-Springer
Evolution statt Revolution

Anke Nienkerke-Springer

EVOLUTION
STATT
REVOLUTION

Unternehmerische Zukunft
verantwortungsvoll gestalten

Bibliografische Information der Deutschen Nationalbibliothek

Die Deutsche Nationalbibliothek verzeichnet diese Publikation
in der Deutschen Nationalbibliografie; detaillierte bibliografische Daten
sind im Internet über http://dnb.d-nb.de abrufbar.

ISBN 978-3-86936-963-1

Lektorat: Susanne von Ahn, Hasloh
Umschlaggestaltung: Martin Zech, Bremen | www.martinzech.de
Titelabbildung: piyaphong / Shutterstock
Autorenfoto: Michael Wiegmann
Satz und Layout: Das Herstellungsbüro, Hamburg | www.buch-herstellungsbuero.de
Druck und Bindung: Salzland Druck, Staßfurt

Copyright © 2020 GABAL Verlag GmbH, Offenbach

Wir drucken in Deutschland.

www.gabal-verlag.de
www.facebook.com/Gabalbuecher
www.twitter.com/gabalbuecher
www.instagram.com/gabalbuecher

PEFC zertifiziert
Dieses Produkt stammt aus nachhaltig
bewirtschafteten Wäldern und kontrollierten
Quellen.

www.pefc.de

Inhalt

Vorwort 9

**Einleitung: Durch evolutionären Wandel der Unternehmenskultur
die Persönlichkeit des Unternehmens ausbilden und stärken** 13
Zukunft gewinnen durch Anpassung 13
Als Unternehmen Persönlichkeit entwickeln 15
Als evolutionäres Unternehmen langfristige Werte schaffen 17

TEIL I: SO IST ES!

Kapitel 1: Die unternehmerische Lebensaufgabe 25
Mehr als nur ein Unternehmen 25
Die unternehmerische Lebensaufgabe: fünf Merkmale 29

**Kapitel 2: Die Menschen an der Spitze des Unternehmens –
die fokussierte Unternehmerpersönlichkeit** 38
Eine Weihnachtskarte und ihre Folgen 38
Die Werte der Unternehmerpersönlichkeit spiegeln sich
im Unternehmen 40
Die Unternehmerpersönlichkeit und ihre Eigenschaften 43

Kapitel 3: »Mit diesem Unternehmen arbeiten wir gern zusammen!« 48
Menschlichkeit als zentraler Wert 48
Gelungene Mitarbeiterbeziehungen durch Mitarbeiterorientierung 50

Gelungene Kundenbeziehungen durch dienende Haltung   53
Gelungene Stakeholderbeziehungen durch Erfahrungsvertrauen   56

Kapitel 4: Prozess statt Projekt: Evolutionärer Kulturwandel
im Unternehmen   59
Kulturwandel als Step-by-Step-Prozess   59
Prozess statt Projekt   64

Kapitel 5: Das werteorientierte Unternehmen und die acht Ebenen
des Bewusstseins   69
Die Frage nach dem Sinn und Zweck   69
Die Ebenen der Bewusstseinsentwicklung   73

TEIL II: SO GELINGT ES!

Kapitel 6: Mit evolutionärer Kraft zum Kulturwandel   87
Voraussetzung 1: Das Management sitzt mit im Veränderungsboot   87
Voraussetzung 2: Die inspirierende Vorbildfunktion
der Führungskräfte nutzen   89
Voraussetzung 3: Alle Führungskräfte und Mitarbeiter
teilhaben lassen   91
Voraussetzung 4: Akzeptieren, dass alle Unternehmen
eine Entwicklung durchlaufen   94
Voraussetzung 5: Den Willen und die Kompetenz zur Anpassung
zeigen   96
Voraussetzung 6: Alte und neue Werte kombinieren und Werte-
orientierung auf allen Ebenen verankern   98
Voraussetzung 7: Praktische Konsequenzen ziehen   101

Kapitel 7: Mit evolutionären Prinzipien Zukunftsfähigkeit sichern   104
Das evolutionäre Prinzip des lebenslangen Lernens   104
Das evolutionäre Prinzip des Ausprobierens   106
Das evolutionäre Prinzip der Auswahl   108
Das evolutionäre Prinzip des Fragens   110

Das evolutionäre Prinzip des Wachstums 113

Das evolutionäre Prinzip der Gemeinsamkeit und der
Kommunikation auf Augenhöhe 115

Das evolutionäre Prinzip der Resonanz 117

Das evolutionäre Prinzip der Baby-Steps 119

Das evolutionäre Prinzip der Selbstorganisation 121

**Kapitel 8: In evolutionären Unternehmen stehen die Menschen
im Mittelpunkt, nicht die Prozesse** 125

Der Mitarbeiter als Zweck an sich 126

Wertschätzung erzeugt Wertschöpfung 132

**Kapitel 9: Mit *Executive Personal Brand Strategy* (EPBS©)
zur fokussierten Persönlichkeit** 139

Die starke Unternehmerpersönlichkeit an der Spitze 139

Für klare Unterscheidbarkeit sorgen 141

**Kapitel 10: Wirtschaften mit Sinn: Wirtschaftlichkeit und Ethik
verknüpfen** 151

Die gesellschaftliche Relevanz unternehmerischen Handelns 151

Ethisch legitim agieren und Existenz des Unternehmens sichern 156

**Kapitel 11: Evolutionäre Unternehmen benötigen eine Haltung
des Gelingens** 163

Die Haltung des Gelingens 163

Die zentralen Aspekte der Haltung des Gelingens 167

**Kapitel 12: Mit den Werkzeugen des Gelingens den evolutionären
Prozess gestalten** 175

Die Grundlage: Das House of Change 175

Ausgewählte Werkzeuge des Gelingens 186

TEIL III: SO BLEIBT ES LEBENDIG!

Kapitel 13: Stolpersteine auf dem Weg zum evolutionären Unternehmen umgehen   211

Gründe für das Scheitern   211

Ihr Zehn-Schritte-Programm zum evolutionären Unternehmen   219

Danksagung   221

Literatur und Quellen   223

Stichwortverzeichnis   228

Die Autorin   231

»Die besten Entdeckungsreisen macht man nicht in fremden Ländern,
sondern indem man die Welt mit neuen Augen betrachtet.«
Marcel Proust

Vorwort

Meine langjährigen Erfahrungen in der Zusammenarbeit mit Unternehmen und Führungskräften in Transformations- und Changeprozessen haben mich bewogen, dieses Buch zu schreiben. Die Begegnungen mit Menschen, denen es gelungen ist, eine wertschätzende Unternehmenskultur aufzubauen, waren ausschlaggebend dafür, mich nach meinem Buch zum Thema »Personal Branding« mit der Frage zu beschäftigen, was evolutionäre Unternehmensentwicklung bedeutet.

In meiner Arbeit steht der Mensch als Initiator, Mitgestalter und Umsetzer im Mittelpunkt. Meine Kernbotschaft »Menschen und Unternehmen stark machen für den Wandel« ist für mich ein Leitsatz, um in die Zukunft zu investieren. Ein evolutionärer Prozess mit Reflexionsschleifen erlaubt dabei eine größere Freiheit zum kritischen Denken als ausschließlich disruptive und leider häufig von blindem Aktionismus getriebene Vorgehensweisen. Gleichwohl bedarf es auch eines kritischen Hinschauens, wenn es darum geht, den Aufbruch zu einem evolutionären Unternehmen zu starten. Gleichförmigkeit jedenfalls ist kein Beitrag zur Evolution.

Denn worauf kommt es bei allem, was wir tun, an? Auf die Zukunftsfähigkeit, und nicht auf die Fortsetzung dessen, was irgendwann einmal für gut erachtet wurde, aber schon längst nicht mehr funktioniert. Der unternehmerisch veranlagte Mensch hört nicht auf zu lernen, er fängt immer wieder neu an, gestärkt durch die Erfahrungen und getragen von den Fähigkeiten, die er im Laufe der Zeit entwickelt hat.

So will ich mit diesem Buch anregen, mit evolutionärer Kraft unternehmerische Zukunft zu gestalten. Ebenfalls soll es eine Einladung zum Nachdenken darüber sein, wie wir die Zukunftsfähigkeit von Unternehmen sichern, in denen sich Menschen entwickeln können und mitgestalten wollen.

Das Buch richtet sich an Unternehmer, Manager, Geschäftsführer, Führungskräfte und Changemanager, die Veränderungsprozesse operativ durchführen, und Mitarbeiter auf allen Bereichs- und Abteilungsebenen, die das Unternehmen evolutionär weiterentwickeln wollen. Zudem spreche ich Entscheider an, die die Zukunftsfähigkeit ihres Unternehmens verantworten.

Mithilfe der evolutionären Strategien, die Sie in diesem Buch kennenlernen, gelingt es, dass sich Ihr Unternehmen immer wieder auf neue Gegebenheiten, Situationen und Herausforderungen sowie neue Marktbedingungen einstellen kann. Sie generieren mit den evolutionären Strategien nachhaltige Wettbewerbsvorteile, die die Überlebensfähigkeit und das Wachstum des Unternehmens absichern. Um dieses Ziel zu erreichen, sind gesteuerte Veränderungs- und Transformationsprozesse notwendig, die einen evolutionären Kulturwandel nach sich ziehen und dazu führen, dass ein Unternehmen eine Unternehmenspersönlichkeit ausbildet.

Human-Resource-Abteilung (HR) und Personalabteilung tragen bei der evolutionären Entwicklung eines Unternehmens Verantwortung. Der beschriebene evolutionäre Weg in diesem Buch dürfte daher auch für Personalentwickler und HR-Verantwortliche ein Gewinn sein. Gründer werden ein Interesse daran haben, über den Persönlichkeitsfaktor ihres Business zu wirken und eine Sogwirkung auf Kunden und Interessenten auszuüben. Das gilt überdies für Organisationen und Institute (auch Business Schools), die sich um die Aus-, Fort- und Weiterbildung der Führungskräfte von morgen kümmern und diese auf ihre zukünftigen Aufgaben und die damit verbundene Verantwortung vorbereiten.

Den Weg zur Zukunftsfähigkeit durch eine evolutionäre Ausrichtung beschreibe ich in drei Teilen:

✳ Im ersten Teil, in »So ist es!«, erläutere ich, wodurch sich ein evolutionäres Unternehmen mit Persönlichkeit auszeichnet und inwiefern es sich von einem Unternehmen unterscheidet, von dem sich dies nicht sagen lässt. So hat es in einer evolutionären Entwicklungsgeschichte eine Unternehmenskultur entwickelt, die auf Wertschätzung und Wertschöpfung beruht. Im ersten Teil beschreibe ich, wie wichtig es für die Zukunftsfähigkeit des Unternehmens ist, über eine wahrnehmbare Kernbotschaft zu verfügen und den unternehmerischen Sinn sowie die unternehmerische Lebensaufgabe klar benennen zu können.

✳ Der zweite Teil ist überschrieben mit »So gelingt es!«. Im Mittelpunkt steht die Frage, wie Sie Ihr Unternehmen zu einem evolutionären Unternehmen mit Persönlichkeit entwickeln, das von seinem Umfeld – von allen Stakeholdern – als solches wahrgenommen wird. Dazu beschreibe ich Strategien, mit denen sich evolutionäre Kraft entfalten und eine Haltung des Gelingens aufbauen lässt.

✳ Im dritten Teil schließlich – in »So bleibt es lebendig!« – münden meine evolutionären Überlegungen in ein Zehn-Schritte-Programm, mit dem Sie die Entwicklung zum evolutionären Unternehmen in Gang setzen.

Ihre
Anke Nienkerke-Springer
Wir sind an Ihrer Seite!

»Es ist nicht die stärkste Spezies, die überlebt, auch nicht die intelligenteste, sondern eher diejenige, die am ehesten bereit ist, sich zu verändern.«

CHARLES DARWIN

Einleitung

Durch evolutionären Wandel der Unternehmenskultur die Persönlichkeit des Unternehmens ausbilden und stärken

Als ich beschloss, ein Buch zum Thema »Evolutionäres Unternehmen mit Persönlichkeit« zu schreiben, habe ich diese Idee im Kollegenkreis, mit Trainern, Beratern und Coaches, aber auch im Freundeskreis diskutiert. Dabei wurden mir so gut wie immer zwei Fragen gestellt:

❋ »Evolutionäre Unternehmensentwicklung? Was soll das denn heißen?«
❋ »Meinst du wirklich, ein Unternehmen kann eine Persönlichkeit haben?«

Zukunft gewinnen durch Anpassung

Evolutionäre Unternehmensentwicklung heißt für mich vor allem »Zukunftsfähigkeit durch Anpassung«. Es geht dabei um Anpassungsprozesse, die nicht disruptiv das Bestehende und das Bewährte über Bord werfen, sondern (auch) auf dem Vorhandenen aufbauen.

Das Fundament wird nicht umgestoßen, sondern als Grundlage für die Weiterentwicklung genutzt. Das Vorhandene hat seine eigene Würde, Kraft und Energie. Es hat ein Unternehmen dahin geführt, wo es steht, und sollte nicht weggeworfen, sondern als Ausgangspunkt für den nächsten Entwicklungsschritt genutzt werden. Wenn wir etwas Neues entwickeln und Verbesserungen herbeiführen wollen, ist es nicht notwendig, sich um 180 Grad zu drehen und die Dinge umzustürzen und auf den Kopf zu stellen. Wachstum und Weiterentwicklung sind auch möglich, indem ein Unternehmen seinen Wesenskern identifiziert, benennt und weiterentwickelt.

Ein Unternehmen sollte und darf nie seine Identität oder seinen eigentlichen Sinn und Zweck verleugnen oder aufgeben. Es muss sich aus sich selbst heraus entwickeln. Sicherlich gibt es Szenarien, die es erfordern, dass sich ein Unternehmen von einem Geschäftsmodell verabschiedet und einen revolutionären Umbruch einleitet. Gerade im Zuge der Digitalisierung ist dies der Fall – ein Unternehmen wird dann geradezu von einer Entwicklung überfallen und mitgerissen, die es nicht aufhalten und steuern kann. Eine bewusste evolutionäre Unternehmensentwicklung kann meiner Beobachtung nach den revolutionären Umsturz verhindern. Dazu ist es notwendig, sich seiner Werte zu versichern, seiner unternehmerischen Lebensaufgabe treu zu bleiben und sich auf dieser Basis kontinuierlich weiterzuentwickeln. »Evolution statt Revolution!« ist möglich durch das permanente Nachdenken über sich selbst, durch Reflexion dessen, was bisher geschehen ist, mit dem Ziel, durch notwendige Anpassungen sicherzustellen, dass Zukunft gewonnen werden kann.

Als Unternehmen Persönlichkeit entwickeln

Kommen wir zum zweiten Einwand: »Ein Unternehmen kann doch keine Persönlichkeit haben«, erhielt ich oft zur Antwort, »ein Mensch natürlich, aber doch kein Unternehmen.« Wir sprachen dann über verschiedene Unternehmen und die Frage, warum wir denn unsere Produkte – oder Dienstleistungen – in diesem Unternehmen einkaufen würden und nicht in jenem. Natürlich bekam ich dabei das Preisargument zu hören, auch Äußerungen wie »Na ja, das hat sich halt so eingespielt«.

Nach und nach gab es dann aber auch differenziertere Aussagen. »Wenn ich darüber nachdenke: Meine beste Freundin ist Veganerin und überzeugte Natur- und Tierschützerin. Daher achte ich darauf, Produkte von Unternehmen zu kaufen, die sich im Tierschutz engagieren und mehr wollen, als nur Geld zu verdienen. Das gilt etwa bei Hautcremes, Duschgel, aber auch Nahrungsmitteln.« Und eine Kollegin erzählte: »Wenn ich im Internet nach einem Unternehmen suche, das die von mir gewünschten Produkte oder Dienstleistungen anbietet, klicke ich häufig den Button ›Wir über uns‹ an. Mich interessiert einfach, bei wem ich kaufe. Wie sieht es mit der Kundenorientierung aus, wie mit der Einhaltung der Menschenrechte, welche Werte vertritt das Unternehmen, dient ihm eine Vision oder Mission als Orientierung, hat es ein Leitbild? Das ist nicht immer kaufentscheidend, aber ich achte schon auch darauf.« Ein Kollege ergänzte: »Ein Unternehmen entwickelt sich ja auch, es bildet sukzessive eine Unternehmenskultur und eine Unternehmensphilosophie aus, die sich im Laufe der Zeit ändern kann.«

Ein weiterer Kollege berichtete schließlich: »Ein Freund von mir hat bei seinem Arbeitgeber gekündigt, weil er sich aufgrund der Machenschaften auf der Chefetage nicht mehr mit dem Unternehmen identifizieren könne. ›Die haben ihre Werte verraten und die Seele des Unternehmens für einen kurzfristigen Gewinn verkauft. Mit dem Unternehmen möchte ich nichts mehr zu tun haben‹, so dieser Freund.«

Wir sprechen einem Unternehmen eine Entwicklung zu, als habe es einen Lebenslauf. Und tatsächlich: Jedes Unternehmen durchläuft eine Historie. Wir identifizieren uns mit ihm, oder wir lehnen es ab. Es ist uns gleichgültig – oder es ist uns nicht gleichgültig. Unternehmen unterliegen zudem einem Kulturwandel. Natürlich sind diese Entwicklungen, Veränderungen und auch der Kulturwandel immer mit handelnden Personen verknüpft. Es sind immerhin die handelnden Menschen, die als Träger der Entwicklungen, Veränderungen und auch des Kulturwandels fungieren. Trotzdem sagen wir nicht, der Vorstandsvorsitzende XY durchlaufe einen Kulturwandel, sondern schreiben diesen Wandel dem Unternehmen selbst zu. Ähnliches ist in anderen Bereichen zu beobachten: So sprechen wir von einem »gesunden Unternehmen«, aber auch von einem »organisationalen Burn-out« (Dilk, Littger 2008). Mit Letzterem wird zum Ausdruck gebracht, dass es auch »erschöpfte Unternehmen« gibt. Wenn gleich mehrere Mitarbeiter in einer Abteilung oder einem Unternehmen unter Burn-out leiden, liegt die Vermutung nahe, dass die Ursachen dafür in den Strukturen des Unternehmens liegen.

 Ein Unternehmen selbst kann keine Persönlichkeit im natürlichen Sinn sein. Aber ein Unternehmen kann in der *Wahrnehmung des Umfeldes*, der Mitarbeiter, Kunden, Lieferanten und anderer Stakeholder, durchaus eine Persönlichkeit entwickeln.

Nach und nach kristallisierte sich heraus, dass meine Kollegen und Freunde durchaus von Firmen wie von natürlichen Personen, also von Menschen, redeten. So verhalte sich ein Unternehmen »umweltbewusst«, achte auf fairen Handel, »das Unternehmen denkt nicht nur daran, Geld zu scheffeln, sondern verfolgt auch andere Ziele, es hat klare Prinzipien und Leitwerte, an denen es sich in jeder unternehmerischen Situation orientiert«.

Dass Menschen, dass Kunden einem Unternehmen eine Persönlichkeit zusprechen, hat für Firmen einen sehr konkreten Nutzen. Unternehmen mit wahrnehmbarer Persönlichkeit entwickeln in den Augen von Kunden und Interessenten den Status der Einzigartigkeit. Sie differenzieren sich von anderen Firmen und natürlich insbesondere von Konkurrenzunternehmen durch die damit verbundenen Alleinstellungsmerkmale. Und das wiederum erhöht die Wahrscheinlichkeit, dass die Kunden und Interessenten bei diesem Unternehmen kaufen. Pointiert ausgedrückt:

 Einzigartigkeit durch Persönlichkeit führt auf Kundenseite zu Wahrnehmung und Kaufinteresse.

Unternehmen mit wahrnehmbarer Persönlichkeit bauen einen strategischen Wettbewerbsvorteil auf. Nach Hermann Simon (Simon 1988, S. 4) zeichnen sich strategische Wettbewerbsvorteile dadurch aus, dass sie im Vergleich zur Konkurrenz die drei Kriterien »wichtig«, »wahrgenommen« und »dauerhaft« erfüllen müssen. Konkret: Der Wettbewerbsvorteil sollte ein für den Kunden wichtiges Leistungsmerkmal betreffen, von Kunden und Interessenten wahrgenommen werden können und darf von der Konkurrenz nicht schnell einholbar sein, er muss mithin eine gewisse Dauerhaftigkeit aufweisen. Unternehmen mit wahrnehmbarer einzigartiger Persönlichkeit erfüllen diese Merkmale, zumindest bei denjenigen Kunden und Interessenten, für die der Preis nicht alles ist. Es ist der strategische Wettbewerbsvorteil, der zu einem wichtigen Differenzierungsmerkmal wird und so die unternehmerische Überlebensfähigkeit sichert.

Als evolutionäres Unternehmen langfristige Werte schaffen

Was unterscheidet ein evolutionäres Unternehmen mit Persönlichkeit von einem Unternehmen, über das wir das nicht sagen können? Entscheidend ist aus meiner Sicht: Es will Resonanz gleich auf mehreren Ebenen erzeugen – aufseiten der Kunden, aber auch aufseiten der Mitarbeiter und der Gesellschaft. Während ein Unternehmen ohne Persönlichkeit seinen primären Daseinszweck in der Schaffung ökonomischer Werte und im Profit sieht, will ein evolutionäres Unternehmen mit Persönlichkeit die Dinge ganzheitlich miteinander verknüpfen: Es strebt die Werteorientierung *und* die Wertsteigung an, es will Ökonomie und Ökologie, wirtschaftliche Interessen und Wirtschaftsethik symbiotisch miteinander verbinden.

 In einem evolutionären Unternehmen mit Persönlichkeit ist es Führungskräften gestattet, ja, es wird von ihnen gefordert, dass sie bei ihren Entscheidungen neben ökonomischen Erwägungen auch ethische Werte berücksichtigen.

Leider noch zu häufig gibt es Unternehmen, die geradezu gezwungen sind, die Profit- und Gewinnmaximierung in den Vordergrund zu schieben, etwa, weil sie die Interessen der Aktionäre und aktivistischer Investoren bedienen müssen. Die Gefahr, dass sie sich allzu sehr und einseitig auf die Schaffung ökonomischer Werte konzentrieren, ist dann groß. Da haben es andere Firmen oft leichter, etwa Familienunternehmen (vgl. dazu Hennerkes 2004, S. 29). Aufgrund ihrer spezifischen Unternehmensstruktur können sie größeren Fokus auf die Schaffung und Erhaltung von Werten legen, die über rein Ökonomisches hinausgehen. Meiner Erfahrung nach ist es Unternehmerpersönlichkeiten in Familienunternehmen wegen der oft engen menschlichen Beziehungen eher möglich, sich für die Bedürfnisse ihrer Mitarbeiter zu interessieren, ohne die notwendige Distanz aufzugeben.

Gesellschaftliche Verantwortung wahrnehmen

Ein evolutionäres Unternehmen erinnert an einen Förster, der langfristig denken und handeln will und dem es um die nachhaltige wirtschaftliche Nutzung des Waldes geht. Neben den notwendigen ökonomischen Faktoren beachtet er bei seiner Arbeit ökologische und soziale Kriterien, damit das Kulturgut »Wald« auch für nachfolgende Generationen erhalten bleibt. Er baut auf dem Existierenden auf, er agiert evolutionär, indem er Rahmenbedingungen schafft, durch die das Bestehende weiterwachsen und gedeihen kann. Das Mind-Set der Führungskräfte in solch einem Unternehmen zeichnet sich dadurch aus, dass sie

※ neben den ökonomischen Erfolgen auch langfristige Werte schaffen wollen und können und dabei ethische Prinzipien berücksichtigen,
※ sich ihrer gesellschaftlichen Verantwortung bewusst sind und diese aktiv wahrnehmen,
※ eine klare Haltung haben – es geht um mehr, als nur Gewinne zu erwirtschaften und sich an Quartalszahlen zu orientieren; vielmehr darf ein Unternehmen weder Menschen noch die Erde noch Ressourcen ausbeuten und zerstören,
※ einen unternehmerischen Sinn erfüllen möchten,
※ werteorientiert denken und handeln,
※ über eine klare Kernbotschaft verfügen und diese auch kommunizieren und
※ Handlungsmaximen wie Verstehbarkeit, Gestaltbarkeit und Sinnhaftigkeit verfolgen, Freude an der Arbeit haben und eine hohe Leistungsbereitschaft mitbringen.

Sie befolgen mithin wertschätzende Leitsätze und Prinzipien, durch die sich nicht nur das Unternehmen, sondern auch die Menschen, die sich für das Unternehmen engagieren, kontinuierlich und evolutionär weiterentwickeln.

Evolutionären Kulturwandel anstreben

Der Erfolg einer Organisation oder einer Firma steht und fällt mit der jeweiligen Unternehmenskultur und lässt sich in die Formel »Kultur und Führung = Wachstum und Erfolg« fassen.

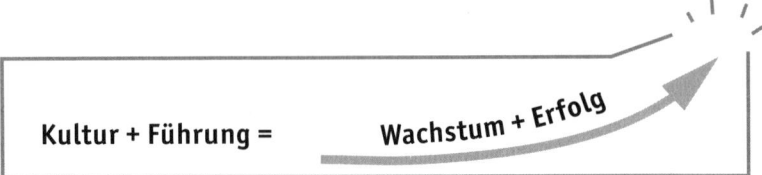

Kultur und Führung = Wachstum und Erfolg

Dies ist gerade heutzutage eine überlebensnotwendige Herausforderung für Unternehmen. Insbesondere Entwicklungen wie die Digitalisierung, das veränderte Einkaufsverhalten des mittlerweile »hybriden« Kunden in digitalen Zeiten und »New Work« als neue Arbeitsform stellen Unternehmen vor die Aufgabe, sich den geänderten Umwelt- und Rahmenbedingungen evolutionär anzupassen, um zukunftsfähig zu bleiben oder zu werden. Aus meiner Sicht geht es also nicht darum, disruptiv das alte Geschäftsmodell möglichst schnell über Bord zu werfen und durch ein neues zu ersetzen. Oder das alte Wertesystem gegen ein neues auszutauschen. Dies mag im Einzelfall notwendig und zielführend sein – in den meisten Fällen jedoch verhält es sich so, dass in der Vergangenheit nicht alles schlecht gelaufen ist. Klug ist es daher, eine Analyse der Unternehmenskultur durchzuführen und bei Change- und Transformationsprozessen das Bestehende im Blick zu behalten und das Unternehmen evolutionär weiterzuentwickeln.

Eine zu disruptive Kulturveränderung kann genauso nachteilige Folgen haben wie eine zu langsame oder ganz ausbleibende. Erfolgen Veränderungen zu umfassend, zu abrupt, zu verordnet und zu schnell, fragen sich die Mitarbeiter mit Recht, ob denn bisher nur wertlose Arbeit geleistet worden sei und wohin die »Reise« denn nun gehen soll. Demotivation und innere Kündigung, Dienst nach Vorschrift und resignative Arbeitshaltung sind folgenschwere Konsequenzen. Auch die Kunden und andere Stakeholder, die ein Interesse an der Entwicklung des Unternehmens haben, sind oft nicht bereit, die Veränderung mitzugehen, zumindest nicht, wenn ihnen Sinn und Zweck nicht erläutert werden. Es sollten ein sanfter Kulturwandel und evolutionär verlaufende Veränderungen angestrebt werden, bei denen die »alten Stärken« erhalten bleiben und weiterhin als wertvolle Ressource genutzt werden können, um das »Neue« zu verwirklichen.

 Es geht nicht um die Veränderung an sich und um ihrer selbst willen. Entscheidend ist vielmehr der Versuch, sich kontinuierlich durch kluge und weitsichtige Anpassungsprozesse zu verbessern und so zukunftsfähig zu werden.

Kulturwandel im Unternehmen sollte also nicht als Revolution verstanden und aufgezogen werden. Wenn bei einer notwendigen umfassenden strukturellen Veränderung das Unterste zuoberst gekehrt wird, können und wollen viele Mitarbeiter nicht folgen. Zielführender ist es, den Kulturwandel als Prozess und evolutionäre Entwicklung zu sehen und zu gestalten. Denn so lassen sich die vorhandenen Stärken immer weiter ausbauen und ausdifferenzieren. Notwendige Anpassungsprozesse haben so die Chance auf eine nachhaltige kontinuierliche Weiterentwicklung und Verwirklichung, bei der die Anpassungsfähigkeit des Unternehmens gestärkt wird. Evolutionärer Kulturwandel basiert stets auf dem unerschütterlichen Fundament eines eindeutig kommunizierten Leitbildes, auf der Basis klarer Führungsgrundsätze und Werte, die nicht nur das Unternehmen, sondern auch und vor allem die Menschen wachsen lassen, die sich für das Unternehmen engagieren.

Leitbild, Führungsgrundsätze und Werte – sie sind die wesentlichen Elemente eines evolutionären Unternehmens mit Persönlichkeit, dem es auf der Basis einer Vision und Mission und einer klaren Kernbotschaft gelingt, sich in das Gedächtnis der Menschen einzubrennen und zu einer Unternehmensmarke zu entwickeln. Wir sprechen dann von Corporate Brand, weil das Unternehmen sich nicht allein im Hinblick auf die Kunden zu einer Unternehmenspersönlichkeit entwickeln will, sondern dabei sowohl auf Stakeholder abzielt als auch auf die Mitarbeiter und vor allem die Gesellschaft als Ganzes. Aufgabe der Unternehmensführung ist es, die Unternehmensmarke und Unternehmenspersönlichkeit durch Corporate Branding in der Wahrnehmung aller Stakeholder zu verankern und das Profil zu schärfen. Konkret:

- Die Kunden sollen sich über qualitativ hochwertige Produkte, Dienstleistungen und hohen Nutzen freuen,
- die Mitarbeiter über sichere und adäquat bezahlte Arbeitsplätze, an denen sie ihre Potenziale einsetzen, ausschöpfen und entwickeln können,
- die Aktionäre über Gewinne und
- die Gesellschaft über ein Unternehmen, das sich seiner gesamtgesellschaftlichen Verantwortung bewusst ist und diese auch wahrnimmt.

Diese Ziele scheinen zum Teil in einem Widerspruch zueinander zu stehen. Ein Unternehmen mit Persönlichkeit versucht, diese in einem ständig währenden evolutionären Entwicklungsprozess auszubalancieren.

TEIL I

So ist es!

Wer zeigen möchte, wie es gelingt, sich zu einem evolutionären Unternehmen zu entwickeln, das vom Umfeld als Unternehmen mit Persönlichkeit wahrgenommen wird, muss verdeutlichen, was er sich unter solch einer Firma vorstellt. Für mich ist entscheidend:

✳ Ein evolutionäres Unternehmen mit Persönlichkeit verfolgt eine unternehmerische Lebensaufgabe und zeichnet sich durch fünf Merkmale aus, die sich wie folgt auf den Punkt bringen lassen: Nachhaltigkeit, Sinnstiftung, Fairness, Potenzialentfaltung und Transparenz (Kapitel 1).

✳ Die Führungsriege besteht aus fokussierten Führungspersönlichkeiten mit hoher Werteorientierung. Oft steht eine Unternehmerpersönlichkeit an der Spitze (Kapitel 2).

✳ Die Menschen arbeiten gern und mit Leidenschaft für solch ein Unternehmen, die Kunden kaufen mit Überzeugung dort ein, die Lieferanten schließen mit Vorliebe Geschäfte mit ihm ab, die Stakeholder engagieren sich mit Leidenschaft für das Unternehmen (Kapitel 3).

✳ Es ist zum evolutionären Kulturwandel in der Lage, bei dem das Bewährte beibehalten wird. Der Kulturwandel beruht vor allem auf den bisherigen Stärken (Kapitel 4).

✳ Es entwickelt sich Schritt für Schritt weiter. Dabei wird die Frage nach dem Sinn und Zweck seines Daseins reflektiert, um sich den wechselnden Rahmenbedingungen anpassen zu können (Kapitel 5).

Diese Kernaussagen sollen nun näher ausgeführt werden.

»Man weiß nie, was daraus wird, wenn die Dinge verändert werden. Aber weiß man denn, was daraus wird, wenn sie nicht verändert werden?«

ELIAS CANETTI

Kapitel 1

Die unternehmerische Lebensaufgabe

Ihr Check für die schnelle Übersicht	
Was dieses Kapitel bietet	Es gibt fünf Merkmale, die ein evolutionäres Unternehmen, das einer unternehmerischen Lebensaufgabe nachkommen will, erfüllen sollte.
Fortschritte, die Sie erzielen können	Sie prüfen, welche der entscheidenden Merkmale eines evolutionären Unternehmens bei Ihnen bereits realisiert sind.

Mehr als nur ein Unternehmen

Mithilfe authentischer Beispiele lässt sich veranschaulichen, worum es jetzt geht: um Unternehmen, die nicht nur allein einer unternehmerischen Aufgabe nachkommen wollen, nämlich Umsätze steigern, Gewinne machen und Marktanteile ausbauen. Vielmehr stehen Unternehmen im Fokus, über die wir sagen können: »Das ist mehr als nur ein Unternehmen«, weil es eine Haltung hat, eine Lebensaufgabe erfüllen will, ein höheres Ziel verfolgt. Zu diesen Unternehmen gehört zum Beispiel der Outdoor-Ausrüster VAUDE im baden-württembergischen Tettnang-Obereisenbach am Bodensee.

Weniger Egodenken, mehr Konzentration auf große Ziele

Geschäftsführerin Antje von Dewitz hat die Vision, als »nachhaltigster Outdoor-Ausrüster Europas einen Beitrag zu einer lebenswerten Welt« zu leisten, »damit Menschen von morgen die Natur mit gutem Gewissen genießen können«. Das nachhaltige Denken über die Generationen hinweg, die Weitung der Perspektive über die rein ökonomische Ausrichtung hinweg und der Versuch, durch ein sinnvolles Miteinander mit den Mitarbeitern gemeinsam etwas zu schaffen, zeigen, dass wir es mit einem Unternehmen zu tun haben, das sich seiner gesamtgesellschaftlichen Verantwortung stellt. Dafür übernimmt die Geschäftsführerin persönliche und unternehmerische Verantwortung, indem sie umweltschädliche Mobilität so weit wie möglich vermeidet und es sich zum Ziel gesetzt hat, die gesamte Produktpalette ökologisch und sozial herzustellen. (Zu den VAUDE-Zitaten siehe VAUDE: Nachhaltigkeitsbericht 2017)

Beiträge für eine lebenswerte Welt

Bei der GLS Gemeinschaftsbank in Bochum ist diese Verabschiedung von einer egozentrierten Haltung gleichfalls zu beobachten. Die Bank ist sozial-ökologischen Grundsätzen verpflichtet, denkt bei ihren Geschäftsaktivitäten an das Klima, die Unternehmens- und Betriebskultur und ist von einem offenen und ehrlichen Miteinander im Umgang geprägt. Die Verantwortlichen pflegen einen Führungsstil, der von einem ganzheitlichen Menschenbild ausgeht. Die Bank will nicht einfach nur Geldgeschäfte abwickeln, sondern einen Beitrag zum gesellschaftlichen Wandel leisten, der auf die Wahrnehmung sozialer und ökologischer Verantwortung abhebt.

Ein weiteres Beispiel ist das Start-up-Unternehmen Share GmbH mit dem Claim »Teilen für eine bessere Welt«, das Kunden und Interessenten zu Spenden anregen will. Damit bedient das Social Start-up gleich mehrere Trends: Die Menschen schenken immer öfter Firmen das Vertrauen, die auf ethischen Konsum und verantwortliches und wertegetriebenes Unternehmertum achten. Das mögen sie nicht immer ganz uneigennützig machen, es gibt mittlerweile viele Konzerne, die öffentlichkeitswirksam spenden und Sozial- und Umweltschutzprojekte fördern. Und selbstverständlich will auch die Share GmbH Geld verdienen, Produkte verkaufen und wachsen. Aber das allein genügt den Verantwortlichen nicht – unabhängige Beobachter analysieren: Was die Gründer »von anderen unterscheidet, sind ihre Motivation und der Unternehmenszweck. Es geht ihnen nicht um maximalen Profit oder einen baldigen Börsengang. Sie wollen sozialen Konsum in Deutschland etablieren, indem sie das Spenden einfach machen (…) Für jeden verkauften Bionussriegel etwa verspricht Share, einen Menschen in Not mit einer Mahlzeit zu versorgen.« (Rosenbach, Salden 2018, S. 72)

Es geht nicht darum, die Aktivitäten der genannten Firmen im Einzelnen zu bewerten. Von Bedeutung jedoch ist bei den Beispielen stets die Haltung, die hinter den unternehmerischen Entscheidungen und Aktivitäten steht. Den Verantwortlichen in den Firmen geht es nicht allein darum, dem Kunden Produkte anzubieten, die ihm einen Nutzen stiften. Nein, sie verbinden mit ihrem Unternehmertum eine Vision, eine Zwecksetzung und, so möchte ich es nennen, eine unternehmerische Lebensaufgabe, die über sich selbst hinausweist. Sie wollen nicht nur einfach Produkte oder Dienstleistungen verkaufen, sondern verfolgen vielmehr einen höheren Zweck, den sie jeweils in einer Kernbotschaft zum Ausdruck bringen. Unternehmer und Führungskräfte zeigen Haltung, sie nehmen eine eindeutige Position ein, über die man vielleicht diskutieren und streiten kann, aber eines ist deutlich: Mit dieser Haltung beweisen sie klare Kante. Und sie trauen sich auch, im Kontext ihrer jeweiligen Lebensaufgabe motivierende Worte in den Mund zu nehmen, so etwa, wenn VAUDE-Geschäftsführerin Antje von Dewitz von einer »lebenswerten Welt« spricht, zu der sie gemeinsam mit ihren Mitarbeitern einen substanziellen Beitrag leisten möchte.

Wie immer, wenn jemand eine unmissverständliche Haltung einnimmt, gilt: Die genannten Firmen und ihre Verantwortlichen verfügen über ein Alleinstellungsmerkmal, werden aber auch angreifbar, weil sie gegen den Strom schwimmen. Das sorgt für Zustimmung und Sympathie, und teilweise für Ablehnung und Skepsis. Auf jeden Fall aber kann man sagen: »Die trauen sich etwas zu, die versuchen etwas Neues, das ist ein Unternehmen mit Persönlichkeit, das sich nicht nur um sich selbst und Gewinnmaximierung um jeden Preis dreht. Das ist mehr als nur ein Unternehmen, für das sich Menschen zusammengeschlossen haben, um Geld zu verdienen!« Bei VAUDE ist es zum Beispiel die Verknüpfung von Nachhaltigkeit und Vertrauenskultur im Unternehmen, bei Share die Intention, sozialen Konsum zu etablieren, bei der GLS Bank die Etablierung sozial-ökologischer Finanzgeschäfte. Die Lebensaufgabe und Mission eines Unternehmens können aber natürlich auch in anderen Aktivitäten bestehen. So unterstützt Lycka durch den Kauf von Bio-Produkten Kinder in Burundi, damit diese eine Schulmahlzeit erhalten. Das Unternehmen Lemonaid produziert Limonade und finanziert Projekte, um vor allem in Entwicklungsländern den sozialen Wandel aktiv mitzugestalten und fairen Handel sowie soziale Gerechtigkeit zu ermöglichen.

 All diese Unternehmen denken über ihren Daseinszweck als wirtschaftlich handelnde Geschäftseinheiten hinaus. Sie wollen, pathetisch gesprochen, einen Beitrag leisten, um die Welt zu einem besseren Ort zu machen.

Natürlich gibt es auch Gegenbeispiele. Wenn sich die Aktivitäten von Unternehmen gegen den Kunden wenden, wenn es offensichtlich ist, dass es einer Firma vor allem oder gar ausschließlich darum geht, ökonomische Ziele zum Dreh- und Angelpunkt ihres Handelns zu machen, dann sind solche Unternehmen Symbole für eine gänzlich andere Art des Wirtschaftens, bei der nur wenig oder überhaupt nicht auf Nachhaltigkeit geachtet wird. Es bleibt zu hoffen, dass die Kunden auf lange Sicht diejenigen Unternehmen belohnen, die dezidiert einen höheren Unternehmenszweck verfolgen.

Die unternehmerische Lebensaufgabe: fünf Merkmale

Ein Unternehmen, das sich einer unternehmerischen Lebensaufgabe widmet, zeichnet sich durch bestimmte Merkmale aus: Nachhaltigkeit, Sinnstiftung, Fairness, Potenzialentfaltung und Transparenz.

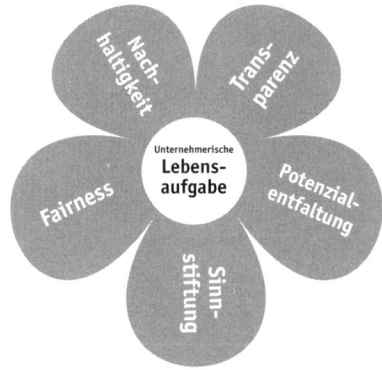

Die fünf Aspekte der unternehmerischen Lebensaufgabe

Das Merkmal »Nachhaltigkeit«

Beginnen wir mit der Nachhaltigkeit. Nachhaltig ausgerichtete Unternehmen fragen nach den Folgen ihres Tuns und beachten ökologische und ethische Standards, bis hin zu den Menschenrechten. Die zu Beginn des ersten Kapitels genannten Unternehmen agieren nachhaltig, indem sie über den Tellerrand ihres täglichen Tuns hinausdenken. Bei VAUDE zum Beispiel gehört die Nachhaltigkeit zu den entscheidenden Unternehmenszielen: »Wir setzen weltweit Zeichen und Standards in Sachen Nachhaltigkeit«, betont Antje von Dewitz in ihrer Vision, VAUDE gibt konsequenterweise einen Nachhaltigkeitsbericht heraus. Im Bericht von 2017 zum Beispiel stehen der Aufbau und die Etablierung einer Vertrauenskultur im Mittelpunkt, die dazu führen soll, dass die zwischenmenschlichen Beziehungen zwischen Führungskräften und Mitarbeitern von gegenseitiger Wertschätzung und einer vertrauensvollen Kommunikation geprägt sind. Das Unternehmen hat eine globale Agenda 2030 und eine ambitionierte Nachhaltigkeitsstrategie mit zehn Zielen definiert und beschreibt klare Maßnahmen, um globale Ziele wie »Keine Armut«, »Kein Hunger«, »Hochwertige Bildung«, »Geschlechtergleichstellung« und »Weniger Ungleichheiten« mit Leben zu füllen. Und die Geschäftsphilosophie bei der Share GmbH baut auf drei Säulen der Nachhaltigkeit auf: Das Unternehmen will sozial, ökologisch und ökonomisch agieren.

Evolutionäre Unternehmen, die auf dem Bestehenden aufbauen wollen, haben per se ein hohes Interesse daran, Ressourcen zu schonen und so einzusetzen, dass sie öfter oder immer wieder genutzt werden können. Sie sind auf den Erhalt von Ressourcen ausgerichtet, um diese auch zukünftig für Anpassungs- und Veränderungsprozesse verwenden zu können.

Das Merkmal »Sinnstiftung«

Den genannten Unternehmen ist ebenfalls gemeinsam, dass sie langfristige Werte schaffen wollen. Sie sind sich ihrer gesellschaftlichen Verantwortung bewusst und nehmen diese aktiv wahr. Sie sind sich sicher, dass ein Unternehmen weder Menschen noch Ressourcen noch die Erde durch seine Aktivitäten ausbeuten und zerstören darf. Sie belassen es nicht bei Lippenbekenntnissen und PR-Verlautbarungen in Hochglanzbroschüren, sondern ziehen konkrete Konsequenzen für ihr Handeln, sodass der Sinn ihres Unternehmens zu einem wichtigen oder sogar zu dem wichtigsten Steuerungselement wird.

In evolutionären Unternehmen steht die Frage nach dem Sinn und Zweck ihres Tuns im Fokus. Ein Unternehmen muss, ähnlich wie eine Gesellschaft, das Gemeinsame erkennen, damit es funktioniert. Dabei geht es um die Suche nach dem Sinn, danach, welchem tieferen, auch emotionalen Zweck die Tätigkeiten eines Unternehmens und die Aktivitäten der Mitarbeiter und Führungskräfte dienen.

Derzeit scheint es einen wahren Hype um die Frage nach einem höheren Sinn des unternehmerischen Tuns zu geben. Dies geschieht meistens unter dem Label »Purpose«. Allerdings stellt sich die Frage, ob es sich bei der Strategie vieler Konzernchefs, die sich die Sinnsuche unter dem Modewort »Purpose« auf die Fahnen geschrieben haben, nicht vor allem um den Versuch handelt, dem Zeitgeist zu huldigen. Ich kann mich des Eindrucks nicht erwehren, dass diese Art der Sinnsuche vor allem dem Mainstream geschuldet ist. Da werden dann, oft mit Unterstützung einer PR-Agentur, flugs ein paar Werte benannt, um die Frage »Was wollen wir mit unserer Arbeit und unserem unternehmerischen Tun erreichen?« zu beantworten. Aus meiner Sicht aber sollte weniger die Frage nach dem Was im Fokus stehen, sondern die Frage nach dem sinnstiftenden Warum.

Die Warum-Frage ist der Treibstoff, der die evolutionäre Entwicklung vorantreibt, weil alle Menschen im Unternehmen, weil alle Führungskräfte und Mitarbeiter den Willen und den Mut haben, nach dem Sinn dessen zu fragen, was sie selbst in ihrem Verantwortungsbereich veranstalten. Zudem wird gefragt und reflektiert, ob sich das Unternehmen noch »auf dem richtigen Weg befindet« und ob die einzelnen unternehmerischen Entscheidungen der Kernbotschaft und der Lebensaufgabe entsprechen, die das Unternehmen verfolgt. Darum führen evolutionäre Unternehmen kontinuierlich Meetings durch, in denen auf Entscheiderebene, auf Führungsebene und auf Mitarbeiterebene intensiv die Frage nach dem Warum des unternehmerischen Tuns diskutiert und immer wieder aufs Neue beantwortet wird. Denn Menschen wollen wissen, dass sie das Richtige richtig tun und auf der richtigen Seite stehen.

Sinnstiftung wird in evolutionären Unternehmen als Halt und Orientierung bietende Führungsaufgabe verstanden. Denn auch die Führungskräfte wollen einen tieferen Sinn in ihrem Tun identifizieren. Zum anderen wollen sie auf die entsprechenden Fragen der Mitarbeiter vorbereitet sein, etwa: »Warum machen wir das, was wir tun?« Solche Fragen werden in Zeiten, in denen vor allem die hoch qualifizierten Mitarbeiter ihre Lebenserfüllung immer seltener im Beruf allein erkennen können, immer öfter gestellt.

Das Merkmal »Fairness«

Evolutionäre Unternehmen mit Persönlichkeit wollen faire Beziehungen zu allen Stakeholdern aufbauen. Primär sind damit faire Beziehungen zu den Kunden und zu den Mitarbeitern gemeint, darüber hinaus aber auch zu den Lieferanten, mithin zu allen Menschen, die an der Wertschöpfungskette beteiligt sind.

Damit nicht genug: Auch die Beziehungen zu den Menschen, die indirekt von den Geschäftsaktivitäten des Unternehmens betroffen sind, und zur Gesellschaft insgesamt rücken in den Blickpunkt. Wer auf diese Art und Weise ganzheitlich denkt und entsprechend agiert, wird sich überdies die ethisch-moralische Frage stellen, welche Konsequenzen das wirtschaftliche Handeln für nachfolgende Generationen oder gar die Welt hat. Die Diskussion dieser Frage stellt die Grundlage all dessen dar, was wir unter dem Stichwort »Fair Trade« diskutieren. Wiederum gilt: Die Tatsache, dass sich die Unternehmensverantwortlichen mit Fair Trade beschäftigen, ist kein hinreichendes Kriterium, es als »evolutionäres Unternehmen mit Persönlichkeit« zu bezeichnen. Maßgebend sind die dahinterstehende Haltung und das Menschenbild:

Wer in der Vergangenheit ethisch-moralische Fragen zu stellen wagte, die gesellschaftliche Verantwortung von Unternehmen thematisierte und diskutieren wollte, wie man sich als Unternehmen fair auch gegenüber der Gesellschaft verhalte, wurde nicht selten der

Naivität verdächtigt. Ich stelle in meinen Beratungen und Coachings im Topmanagement fest: Immer mehr Menschen, insbesondere Vorstände und Geschäftsführer, sind offen für solche tiefergehenden Fragestellungen und finden den Mut, im Zusammenhang mit der zukünftigen Entwicklung des Unternehmens solchen komplexen Fragen Raum zu geben und diese mit ihren Führungskräften und Mitarbeitern zu diskutieren. Dabei fallen oft »große« Worte: Es geht um Ehrlichkeit, Glaubwürdigkeit und Authentizität, denn wie jede soziale Gemeinschaft benötigt ein Unternehmen ein Wertesystem, das ihm Halt verleiht. Und wer Halt hat, kann auch eine bestimmte Haltung einnehmen, leben und vorleben.

Ein Kernaspekt der Fairness ist die Begegnung auf Augenhöhe mit dem Ziel, eine Vertrauenskultur aufzubauen, die alle an der Wertschöpfungskette beteiligten Menschen umfasst. Fairness ist dabei der Kitt, der die Aktivitäten, die zum Vertrauensaufbau führen sollen, zusammenhält.

Das Merkmal »Potenzialentfaltung«

Evolutionäre Unternehmen haben ein Interesse daran, die Potenziale der Menschen zu fördern, die sich für die Firma einsetzen. Allerdings: In vielen Unternehmen scheint eine Potenzialvernichtungsmaschinerie im Gange zu sein. Einen Beleg dazu liefert jedes Jahr das Gallup Institut mit seinem Engagement Index, den das Markt- und Meinungsforschungsinstitut erstellt. Für 2018 konstatiert das Institut (Gallup 2018), dass über fünf Millionen Arbeitnehmer – und damit 14 Prozent – ihren Job bereits innerlich gekündigt hätten und keine emotionale Bindung zum Unternehmen aufweisen würden. Weiter heißt es: »Der Anteil der emotional hoch gebundenen Arbeitnehmer ist (…) in Deutschland nach wie vor auf einem niedrigen Niveau. Nur 15 Prozent der Beschäftigten weisen hierzulande eine hohe emotionale Bindung an ihren Arbeitgeber auf. Drei von vier Beschäftigten machen lediglich Dienst nach Vorschrift (71 Prozent). Nach jüngsten Berechnungen verursacht die innere Kündigung von

Mitarbeitern dabei einen jährlichen volkswirtschaftlichen Schaden von bis zu 103 Milliarden Euro.«

Die Gallup-Zahlen sind, wie fast jedes Jahr, erschreckend und belegen die fatalen Konsequenzen einer Potenzialvernichtungsmaschinerie, die zu Potenzialvergeudung führt und Potenzialentwicklung geradezu verhindert.

 Unternehmen, die eine Lebensaufgabe mit ihrem unternehmerischen Tun verfolgen, achten darauf, dass sie den Führungskräften und Mitarbeitern die Möglichkeit eröffnen, ihre Potenziale am Arbeitsplatz einzusetzen und zu entfalten.

Der Weg zu diesem Ziel kann sehr unterschiedlich ausfallen, dass aber die Potenzialentwicklung Priorität genießt, steht bei diesen Unternehmen außer Frage. Sie investieren in die Potenzialentfaltung und die Weiterentwicklung der Mitarbeiter – nicht nur in die fachliche, sondern auch in die persönliche Weiterentwicklung. Dabei fokussieren sie sich darauf, die Stärken, Talente und Begabungen der Führungskräfte und Mitarbeiter für die Entwicklung der Gesamtunternehmung zu nutzen. Zugleich zielt ihr Tun darauf ab, die emotionale Bindung der Menschen an das Unternehmen zu erhöhen, indem diese in einer Unternehmenskultur, die von Wertschätzung geprägt ist, ihre Stärken einsetzen und ausbauen können.

Sicherlich gibt es Mitarbeiter, die klare Anweisungen benötigen, um gute Leistungen erbringen zu können. Doch viele Menschen fühlen sich eher dann an ihrem Arbeitsplatz wohl, wenn sie autonom arbeiten und eigene Entscheidungen fällen, sich zugehörig fühlen und ihre Kompetenzen aktualisieren können. Dies ist möglich, wenn sie an genau dem Arbeitsplatz tätig sind, an dem sie ihre Kompetenzen und Potenziale einsetzen und nutzen können, wenn also Anforderungs- und Qualifikationsprofil übereinstimmen. Die Führungskräfte sollten beide Mitarbeitergruppen unterstützen und ihnen helfen, ihre jeweiligen, höchst unterschiedlichen Potenziale zu entwickeln.

Potenzialentfaltung statt Ressourcenausnutzung – auf diese Aussage lässt sich die Haltung des evolutionären Unternehmens an dieser Stelle verdichten. Es strebt nach der Balance von Wirtschaftlichkeit, Qualitätsorientierung und Mitarbeiterzufriedenheit, achtet mithin darauf, dass keines dieser Kriterien isoliert im Vordergrund steht. Die Potenzialentfaltung der Menschen, die sich für das Unternehmen engagieren, spielt bei allen drei Kriterien eine zentrale Rolle: Denn wer das Ziel verfolgt, die Potenziale der Menschen zu entwickeln, sorgt dafür, dass ein Unternehmen eben mithilfe dieser Menschen wirtschaftlicher agieren und die Qualität seiner Produkte und Dienstleistungen erhöhen kann. Und wenn Mitarbeiter spüren, dass sie ernst genommen und ihre Stärken wertgeschätzt werden, steigt in der Regel das Zufriedenheitslevel.

Das Merkmal »Transparenz«

Kommen wir zum fünften Merkmal, das ein evolutionäres Unternehmen aufweisen sollte, und das ist der Aspekt der Offenheit und Transparenz, und zwar nach allen Seiten. Der Hintergrund: In evolutionären Unternehmen wird Führung als Dienstleistung verstanden. Der Faktor Ehrlichkeit ist dabei eine tragende Säule, insbesondere in Krisenzeiten. Mitarbeiter und Kunden, aber auch die Öffentlichkeit insgesamt belohnen es, wenn ein Unternehmen selbst in schwierigen Zeiten eine offene und transparente Informations- und Kommunikationskultur betreibt. Menschen wollen wissen, woran sie sind, und bevorzugen es meistens, auch über schlechte Entwicklungen informiert zu werden, statt dass ihnen die Wahrheit vorenthalten wird. Firmen, die in Krisenzeiten den Versuch unternommen haben, Vorkommnisse und Entwicklungen unter den Teppich zu kehren, zu verschweigen, zu bagatellisieren oder die Aufklärung etwa eines Skandals in die Länge zu ziehen, haben heftige Reputationsverluste erlitten. Es steht zu vermuten, dass der Schaden, und sei es der Image- und Reputationsschaden, meist größer war als der Schaden, der entstanden wäre, hätte sich das Unternehmen frühzeitig für eine transparentere Informationspolitik entschieden.

Aus meiner Beratungstätigkeit heraus erlebe ich immer wieder, dass Unternehmensverantwortliche darauf vertrauen, dass sich Mitarbeiter für die Bewältigung von Krisen, Herausforderungen eher und mehr engagieren, wenn sie schlicht und einfach Bescheid wissen. Erhalten die Mitarbeiter existenzielle Informationen, die ihren Arbeitsplatz und sie selbst betreffen, zu spät oder über den Flurfunk oder aus der Presse, ist es schwierig, die daraus entstehende Dynamik einzufangen. Wenn sie hingegen die für sie relevanten Informationen rechtzeitig und vollständig erhalten, sind sie am ehesten in der Lage, an Lösungen mitzuarbeiten, die evolutionäre Weiterentwicklung vorantreiben.

Das Zusammenspiel der Merkmale

Die fünf wichtigsten Merkmale, die ein evolutionäres Unternehmen mit Persönlichkeit erfüllen sollte, sind also die Nachhaltigkeit, die Sinnstiftung, Fairness und Vertrauen, die Potenzialentfaltung und eine offene, transparente Haltung. Diese Merkmale stehen in Beziehung zueinander – zum Beispiel:

* Eine nachhaltige Haltung mit den entsprechenden Aktivitäten beispielsweise verstärkt und konkretisiert den Unternehmenszweck. Zudem trägt Nachhaltigkeit zur evolutionären Entwicklung bei, weil das, was gut funktioniert und sich bewährt hat, die Grundlage für die Evolution ist.
* Die Konzentration auf die Entfaltung der Mitarbeiterpotenziale ist ein Beleg für das faire und vertrauensvolle Verhältnis zwischen Arbeitgebern und Arbeitnehmern. Die kontinuierliche und stetige Entfaltung der Mitarbeiterpotenziale dient der evolutionären Entwicklung, weil so Vorhandenes immer besser genutzt werden kann.
* Das Vertrauensverhältnis zwischen den Menschen trägt dazu bei, dass eine offene und transparente Informationspolitik entsteht.
* Aus dem Zusammenspiel der Merkmale kristallisieren sich

schließlich jene Werte und Leitlinien heraus, die den Geist eines Unternehmens ausmachen.

Die Lebensaufgabe des Unternehmens: Das Wichtigste im Überblick

❋ Ein evolutionäres Unternehmen mit Persönlichkeit begreift sich als Organisation, die über den Tellerrand ihres wirtschaftlichen Agierens am Markt weit hinausblickt und dabei eine Lebensaufgabe und eine unternehmerische Mission verfolgt.

❋ Es hat fünf Merkmale: Nachhaltigkeit mit strikter Werteorientierung; Sinnstiftung; faire Haltung mit Vertrauenskultur; Potenzialentwicklung statt Ressourcenausnutzung; offene und transparente Informations- und Kommunikationspolitik.

Kapitel 2

Die Menschen an der Spitze des Unternehmens – die fokussierte Unternehmerpersönlichkeit

Ihr Check für die schnelle Übersicht	
Was dieses Kapitel bietet	Evolutionäre Unternehmen werden von einer Führungsriege geleitet, die aus Persönlichkeiten besteht. An der Spitze steht im besten Fall eine fokussierte Unternehmerpersönlichkeit.
Fortschritte, die Sie erzielen können	Prüfen Sie, ob Sie schon eine (Unternehmer-)Persönlichkeit sind oder das Zeug dazu haben.

Eine Weihnachtskarte und ihre Folgen

Ein evolutionäres Unternehmen mit Persönlichkeit ist ein Unternehmen, dessen Leitungsebene aus Führungspersönlichkeiten besteht und das fokussierte Mitarbeiter hat. Das ist die Kernüberzeugung, um die es in diesem Kapitel geht. Eine Firma, die vom Umfeld als

Unternehmen mit Persönlichkeit wahrgenommen wird, deren Manager und Führungskräfte sich jedoch unethisch verhalten, ist kaum denkbar. Das eine spiegelt sich im anderen wider – zudem tendieren wir dazu, die Person(en) an der Spitze mit dem Unternehmen selbst zu identifizieren und umgekehrt. Dies durfte ich kurz vor Weihnachten 2018 erfahren – eine Zeit, in der wir uns gegenseitig mit Weihnachtskarten, kleinen Präsenten und Neujahrsglückwünschen erfreuen, auch im Geschäfts- und Businessbereich. Von einem großen Flughafenbetreiber, der mit mir Kontakt aufgenommen hatte, erhielt ich eine äußerlich eher bescheiden wirkende Karte mit Weihnachts- und Neujahrsgrüßen. Aber der Inhalt hatte es in sich: Gleich drei Mitglieder der Geschäftsleitung hatten handschriftlich ein paar persönliche Zeilen notiert – eine der Handschriften erkannte ich wieder, weil ich kurz zuvor von einer der Personen einen Brief mit einer handschriftlichen Notiz erhalten hatte. Darum darf ich mit einigem Recht davon ausgehen, dass sich in diesem Unternehmen drei hochrangige Manager wertvolle Zeit genommen haben, ihren Dienstleistern persönlich zu schreiben. Denn ich war ja wohl bestimmt nicht die Einzige, die solch eine Grußkarte erhalten hatte. Vielleicht hat es in der Geschäftsführung eine Art Arbeitsteilung gegeben und jede Führungskraft hat sich an eine bestimmte Klientel oder einen Kundenstamm gewendet – entscheidend ist, dass der persönliche Beziehungsaufbau in diesem Unternehmen keine hohle Phrase in der Kommunikation ist, sondern mit Taten unterfüttert, legitimiert und mit Leben gefüllt wird.

Ein Unternehmen gibt seinen Mitarbeitern und Führungskräften immer einen Handlungsrahmen vor, in dem sie sich frei bewegen und agieren können. Wenn sich also – wie in diesem Fall – gleich mehrere Mitglieder der Geschäftsleitung die Zeit nehmen sollen und dürfen, sich auf eine höchst persönliche und individuelle Weise an ihre Kunden und Dienstleister zu wenden, ist davon auszugehen, dass das Unternehmen nicht nur Wert auf intensive Kundenbeziehungen legt, um Profit zu machen. Nein, es strahlt an seine Mitarbeiter das Signal aus: »Nehmt euch Zeit für die Kunden, um unsere Wertschätzung zeigen zu können!«

Die Werte der Unternehmerpersönlichkeit spiegeln sich im Unternehmen

An der Spitze erfolgreicher Unternehmen steht oft eine fokussierte Unternehmerpersönlichkeit, die sehr genau weiß, was sie will. Betrachten wir dazu die Drogeriemarkt-Branche. Findet der Drogeriemarkt dm Erwähnung, fällt den meisten von uns wohl der Gründer Götz W. Werner ein. Werner setzt sich als Vertreter eines anthroposophischen Weltbildes für die Kernbotschaft eines bedingungslosen Grundeinkommens ein. Sein neuestes Projekt: Die Mitglieder der dm-Arbeitsgemeinschaft in Deutschland sind damit beschäftigt, statt eines gewinnmaximierenden Handelskonzerns einen sozialen Organismus zu entwickeln. Es ist das Anliegen des Gründers, einen sozialen Organismus zu kreieren, bei dem alle Mitarbeiter in flachen Hierarchien arbeiten, ein hohes Mitsprache- und Mitgestaltungsrecht haben und in dem mit ihnen auf Augenhöhe kommuniziert und interagiert wird. Götz W. Werner will ein Unternehmen schaffen, in dem sich Menschen weiterentwickeln und ihre Potenziale entfalten können. Entscheidend dafür ist für ihn eine »dialogische Unternehmenskultur«.

Dialogische Unternehmenskultur bedeutet für Werner, »dass man sich mit jedem Mitarbeiter auf Augenhöhe bewegt und man in den menschlichen Beziehungen keine Hierarchien kennt. Alle unsere Mitarbeiter sollen sich bemühen, miteinander so ins Gespräch zu kommen, dass sie sich gegenseitig verstehen und respektieren. Ein Lehrling soll dabei nicht anders behandelt werden als ein Kollege aus der Geschäftsleitung. Es geht um den Dialog und nicht darum, gehorsam Befehle auszuführen. Wir wollen, dass unsere Kollegen Dinge ausführen, weil sie einsehen, dass es vernünftig ist, und nicht, weil ihnen gesagt wurde, dass sie sie ausführen sollen.« (Werner 2019)

Unternehmerpersönlichkeiten verfolgen oft eine Mission, ohne missionarisch zu sein. Ein Unternehmer kann sich meistens allerdings erst dann sozial engagieren und Geld in soziale Projekte investieren, wenn der unternehmerische Erfolg als Grundlage vorhanden ist. Ein

Unternehmen, bei dem kein Wert auf diese Grundlage gelegt wird, wird rasch vom Markt verschwinden.

Die Werte des dm-Unternehmers Götz W. Werner spiegeln sich im Wesen und den Marktaktivitäten seines Unternehmens. Ähnliches lässt sich über Dirk Roßmann und die Dirk Rossmann GmbH sagen; auch hier liegt ein hoher Grad der Gleichsetzung zwischen der Person an der Spitze und der Drogeriemarktkette vor. Seine Firma genießt eine entsprechende Reputation. Das soziale Engagement des Gründers spiegelt sich in seinem Leitmotto: »Geld verdienen, um anderen helfen zu können.« In diesem Sinne hat Roßmann die Deutsche Stiftung Weltbevölkerung (DSW) gegründet, eine international tätige Entwicklungshilfeorganisation, die sich für Selbsthilfeprojekte in armen Regionen einsetzt.

Auch hier gibt es zahlreiche Gegenbeispiele, auch im Drogeriemarktbereich. Genannt sei das unrühmliche Verhalten von Anton Schlecker – ob es ein Zufall ist, dass selbst in den wirtschaftlichen Glanzzeiten von Schlecker das Unternehmen und sein Agieren am Markt nie unumstritten waren, ebenso wie sein Gründer und Lenker? Vor allem dessen Verhalten gegenüber den Mitarbeiterinnen, den sogenannten »Schlecker-Frauen«, hat in der breiten Öffentlichkeit immer wieder für Unmut gesorgt, etwa als bekannt wurde, dass es den Filialen selbst in Notfällen nicht mehr möglich war zu telefonieren, weil die Telefone entfernt wurden. Um es auf den Punkt zu bringen: Während bei dm die Ausrichtung »Sozialer Organismus statt Gewinnmaximierung« gilt, standen bei Schlecker wohl eher Gewinnmaximierung und Profitdenken im Vordergrund.

Derzeit wird in vielen Unternehmen diskutiert, wie sich eine stärker ethisch ausgerichtete Unternehmenskultur etablieren lässt. Das ist den zahlreichen Skandalen geschuldet, die die Öffentlichkeit zurzeit beschäftigen. Doch es gelingt Unternehmen wie Volkswagen oder der Deutschen Bank nicht, den Leitgedanken, die Ethik wiege schwerer als das Geschäft, durchzusetzen. Bei Volkswagen etwa sollte im Zuge des Dieselskandals ein VW-Vorstand für Regeltreue im Konzern sorgen. Doch: »Einfach nur Regeln aufstellen reicht da nicht« – vielmehr war und ist es notwendig, die Unternehmenskultur zu verändern. »Die Mitarbeiter sollen sich weniger als Befehlsempfänger verstehen denn als Mitarbeiter mit Wertebewusstsein, die ein Gespür dafür entwickeln, welche Geschäfte integer sind – und welche nicht.« (Klawitter 2019, S. 64) Doch das ist gewiss nicht leicht, solange gegen die – ehemalige – Konzernspitze mögliche Schadensersatzklagen anhängig sind oder Gerichtsprozesse drohen.

»Sie wollen Wirtschaftsethik studieren? Da müssen Sie sich schon entscheiden, junger Mann« – das soll ein Professor einst einem Studenten in der Studienberatung gesagt haben. Das Bonmot soll auf den unversöhnlichen Widerspruch zwischen Wirtschaft und Ethik aufmerksam machen. Natürlich: Die Wirtschaft und die Unternehmen sind keineswegs nur von Menschen bevölkert, für die Ethik ein Fremdwort ist. Aber es gibt doch erschreckend viele Unternehmen, in denen es den Menschen nicht gerade leicht gemacht wird, ihre moralischen Skrupel einzubringen, einfach, weil dies nicht in der DNA des Unternehmens angelegt ist.

Wenn es denn so etwas wie eine ethische Urquelle in uns Menschen gibt, dann scheint sie, so befürchte ich, bei vielen Unternehmenslenkern verschüttet zu sein. »Moral wirkt noch immer wie ein Makel, und Ethik erscheint lediglich als Bremse für den Umsatz. Werte seien ja schön, heißt es oft, aber sie müssten sich rentieren«, so der traurige Befund einer Analyse des Fehlverhaltens von Managern in deutschen Unternehmen (Klawitter 2019, S. 64).

An dieser Stelle treffen die Worte des Ethikprofessors Joachim Kohlhof zu: »Ohne Ethik versagt die Politik, verkommt die Wirtschaft, verwahrlost die Gesellschaft und verirrt sich der Mensch in das Nichts vom puren Tun.« Ein Grund mag sein: Der Gewinn wurde zum Maß aller Dinge. Oft, so scheint es, sind den handelnden Menschen in Politik, Medien, Wirtschaft, Wissenschaft und kirchlichen Institutionen sowie öffentlichen Einrichtungen das Gefühl und der Blick für das rechte Maß abhandengekommen.

Die Unternehmerpersönlichkeit und ihre Eigenschaften

Wann ist ein Unternehmen ein wertschätzendes Unternehmen? Doch wohl vor allem dann, wenn es von klugen Unternehmerpersönlichkeiten mit Haltung geführt wird. Es stellt sich daher die Frage, was eine »kluge Unternehmerpersönlichkeit« überhaupt ausmacht und kennzeichnet. Sich nur an Gesetze und Regeln zu halten genügt nicht. Vielmehr benötigen Unternehmer, Manager und Führungskräfte ein festes und stabiles Wertegerüst, eine klare Haltung, die auf einem Wertebewusstsein beruht und sich an konkreten Inhalten orientiert. Dabei dürfen Moral und Ethik keiner Auszahlungslogik und den Gesetzmäßigkeiten der Gewinnmaximierung unterworfen werden, nach dem Motto: »Ich verhalte mich moralisch, weil es sich lohnt und sich bezahlt macht und ich dann anerkannter und erfolgreicher bin.« Unternehmerpersönlichkeiten reflektieren ihr Denken und Tun ständig und überprüfen ihre Handlungen im Rahmen eines Selbstreflexionsprozesses kritisch, indem sie ihre Aktivitäten und ihre Entscheidungen an ihrem Wertesystem messen: »Werde ich mir selbst, werde ich meinen eigenen – auch moralischen – Ansprüchen noch gerecht?«

Ich nenne solche Persönlichkeiten »fokussierte Menschen« (vgl. Nienkerke-Springer 2018a). Fokussierte Menschen weisen eine klare Haltung auf und können artikulieren, wofür sie stehen. Fokussierte Unternehmer- und Führungspersönlichkeiten werden von ihrem Umfeld als Menschen wahrgenommen, die Ecken und Kanten besitzen, an denen sich andere gerne festhalten, weil sie Orientierung, Halt(ung) und Stabilität garantieren: Wer eine Haltung hat, kann auch anderen Menschen Halt geben.

 Selbstbewusstsein, Selbstverantwortung und Selbstsicherheit – aus diesem strategischen Dreiklang ergibt sich eine Haltung, mit der es der fokussierten Persönlichkeit gelingt, sich gegen Konformismus und Angepasstheit widerständig zu zeigen.

Meiner Überzeugung und Erfahrung nach gilt: Eine fokussierte Persönlichkeit weiß genau, was untrennbar zu ihr gehört und was sie in ihrem tiefsten Inneren ausmacht und antreibt. Auf die Frage »Wer bin ich?« hat sie eine Antwort gefunden. Darum kann sie Integrität und Haltung zeigen. »Besser ein Mensch mit Ecken und Kanten als ein rundes Nichts« – danach lebt sie (vgl. Nienkerke-Springer 2018a). Ohne es im strengen Sinn beweisen zu können, bin ich überzeugt, dass sich Unternehmerpersönlichkeiten wie Götz W. Werner oder Dirk Roßmann und etliche weitere erfolgreiche Familienunternehmer an diesem Motto orientieren und daraus die visionäre Kraft und den Mut schöpfen, ihr Unternehmen zu prägen und ihre Mission zu verwirklichen.

Eine fokussierte Persönlichkeit sehnt sich danach, ihrem Tun einen Sinn zu geben. Das erzeugt Resonanz und wirkt auf das Umfeld. Der große Vorteil: Die Menschen im Umfeld – und eben auch die Mitarbeiter und Kunden – wissen, woran sie sind. Darum übernehmen fokussierte Persönlichkeiten gern Führungsverantwortung und zeigen eine klare Haltung, die für die Mitarbeiter erfahrbar und überprüfbar ist. Sie sind oft Vollblutunternehmer mit Körper, Geist und Seele, die sich ihrer Lebensaufgabe und Mission mit Haut und Haaren verschrieben haben.

Übereinstimmung zwischen Unternehmen mit Persönlichkeit und Unternehmerpersönlichkeit

An dieser Stelle fällt die Kongruenz auf zwischen Unternehmen mit Persönlichkeit und Unternehmern mit Persönlichkeit, eine Kongruenz, die auch dadurch zustande kommt, dass eine Unternehmerpersönlichkeit erheblichen Einfluss auf die Entwicklung und Geschicke einer Firma nehmen kann. Etwas anders sieht es bei den Führungspersönlichkeiten aus. Mir begegnen viele ambitionierte Menschen mit Führungsverantwortung. Allerdings: Hemmend wirken sich oftmals die Bedingungen des Systems aus, sprich des jeweiligen Unternehmens, das Einzigartigkeit nicht zulässt oder erschwert. Windschnittige 08/15-Führungskräfte sind häufig beliebter als Persönlichkeiten, die ihre Einzigartigkeit leben. Systemische, durch die Struktur des Unternehmens bedingte Faktoren verhindern, dass sich Menschen in ihrer Persönlichkeit entfalten und entwickeln können. Klassisches Beispiel sind Unternehmen, deren Strukturen es verhindern, dass sich mittel- und langfristige Interessen statt kurzfristiger Gewinnmaximierung und damit auch entsprechende Führungspersönlichkeiten durchsetzen können. Der Druck, im Quartalsrhythmus Zahlen vorzulegen, die die Aktionäre zufriedenstellen oder gar in Verzückung geraten lassen, steht langfristigen Orientierungen im Weg. Besonders fatale Auswirkungen drohen, wenn Vorstände, Manager und Führungskräfte durch falsche Anreize die eigenen Interessen wie etwa den Joberhalt und Bonuszahlungen über die langfristigen Interessen des Unternehmens stellen.

Hier müssen Unternehmen umdenken. Denn meiner Ansicht nach werden diejenigen Unternehmen am Markt erfolgreicher sein, die mithilfe einer wertschätzenden Unternehmenskultur kreatives Querdenkertum fördern und es Führungskräften und Mitarbeitern erlauben, ihre individuellen Stärken und Potenziale zu entfalten. In Firmen, in denen eine fokussierte Unternehmerpersönlichkeit an der Spitze steht, ist auffällig häufig zu beobachten, dass es auch den Führungskräften gelingt, ihre Individualität und Einzigartigkeit zu zeigen.

Zum Wesenskern der Persönlichkeit vordringen

In zweiten Teil dieses Buches werden Sie erfahren, wie es mithilfe einer *Executive Personal Brand Strategy* (EPBS©) gelingt, sich zu einem fokussierten Menschen zu entwickeln, der als solcher auch wahrgenommen wird. An dieser Stelle soll der Hinweis genügen: Fokussierten Menschen mit Haltung ist es gelungen, ihren Wesenskern zu identifizieren. Sie haben ihre Mitte gefunden und sind bei sich selbst angekommen. Sie ruhen in sich und verfügen darum über einen inneren Kompass, der ihnen zeigt, was richtig ist und was falsch. Sie agieren aufgrund einer erworbenen und nicht aufgrund einer verliehenen oder geliehenen Autorität, die sie lediglich ihrer Visitenkarte verdanken.

Mit Ihrer Persönlichkeit steht Ihnen ein Hebel zur Verfügung, um dem Unternehmen ein Alleinstellungsmerkmal zu verschaffen, mit dem es sich vom Wettbewerb abhebt und differenziert. Das heißt: Wenn es Ihnen gelingt, von Kunden und Stakeholdern tatsächlich als einzigartige Persönlichkeit wahrgenommen zu werden, können Sie auch das Unternehmen nachhaltig im Gedächtnis der Menschen verankern.

Allerdings: Wer sich derart exponiert, setzt sich oft auch der Verurteilung durch die Öffentlichkeit aus. Natürlich wird es Menschen geben, die Ihren Eigenheiten skeptisch gegenüberstehen und Ihnen darum nicht gerne folgen werden. Darum müssen Sie die Grundsatzentscheidung fällen, ob und inwiefern Sie sich exponieren wollen. Die Frage ist allerdings, ob Sie mit solchen Menschen überhaupt zusammenarbeiten wollen und es nicht zielführender für beide Seiten ist, getrennte Wege zu gehen. Was nutzt es, Kunden zu gewinnen und Mitarbeiter zu binden, mit denen es keine gemeinsame Wertebasis gibt? Fokussierte Unternehmerpersönlichkeiten treffen die häufig auch schmerzhafte Entscheidung, mit welchen Menschen sie den weiteren Entwicklungsweg gehen möchten.

Die Menschen an der Spitze des Unternehmens: Das Wichtigste im Überblick

⁜ Unternehmen mit Persönlichkeit und Unternehmerpersönlichkeiten bilden oft eine Einheit und werden vom Umfeld auch als solche wahrgenommen.

⁜ Eine fokussierte Unternehmer- und Führungspersönlichkeit weiß, was untrennbar zu ihr gehört und was sie in ihrem tiefsten Inneren antreibt. Auf die Frage »Wer bin ich?« hat sie eine individuelle Antwort gefunden.

⁜ Ihre Überzeugung auf den Punkt gebracht lautet: »Lieber ein Mensch mit Ecken und Kanten als ein rundes Nichts.«

*»Man muss etwas Neues machen,
um etwas Neues zu sehen.«*
GEORG CHRISTOPH LICHTENBERG

Kapitel 3

»Mit diesem Unternehmen arbeiten wir gern zusammen!«

Ihr Check für die schnelle Übersicht	
Was dieses Kapitel bietet	Sie erfahren, warum Mitarbeiter, Kunden, Lieferanten und Stakeholder mit einem evolutionären Unternehmen, das Persönlichkeit hat, gern zusammenarbeiten.
Fortschritte, die Sie erzielen können	Prüfen Sie, wie es um Ihre Beziehungen zu den Stakeholdern des Unternehmens bestellt ist.

Menschlichkeit als zentraler Wert

Bei der Beschreibung dessen, was ein evolutionäres Unternehmen mit Persönlichkeit auszeichnet, spielt der Begriff Menschlichkeit eine bedeutende Rolle. Was heißt das? Ein *menschliches* Unternehmen mit Persönlichkeit – das sind große Worte, die mit Inhalten gefüllt werden wollen. Etliche Experten sind der Meinung, gerade in der digitalen Arbeitswelt fehle es am zentralen Wert der Menschlichkeit. Allzu oft würde im Zuge der digitalen Transformation vergessen, die beteiligten Menschen mitzunehmen. In vielen Firmen werden zwar die Möglichkeiten und Chancen der Digitalisierung gesehen, dabei bleiben allerdings die Menschen auf der Strecke, etwa die Mitarbeiter, die sich vor den rasanten Veränderungen schlicht und einfach fürchten. Ein Kulturwandel jedoch, der von Ängsten und Befürchtungen begleitet wird, droht nicht nur zu scheitern, er muss geradezu scheitern! Es gehört zur humanitären Verantwortung der Führungskräfte, die Ängste der Mitarbeiter ernst zu nehmen.

Darum ist es so wichtig, die notwendigen Veränderungsprozesse zu begleiten und gemeinsam mit den beteiligten Menschen zu gestalten. »Macht's menschlicher« ist ein Artikel überschrieben, der im Oktober 2017 in der Zeitschrift managerSeminare erschienen ist und in dem es darum geht, bei der Gestaltung des digitalen Wandels endlich auch humanitäre Werte zu berücksichtigen (Dilk 2017).

Stephan Brockhoff und Klaus Panreck haben dazu sogar einen ROI (Return on Investment) der Menschlichkeit entwickelt (Brockhoff, Panreck 2016). In ihrer Systematik versuchen sie, Aspekte wie Transparenz, Vertrauen und andere sogenannte weiche Faktoren für eine »Menschlichkeitsbilanz« heranzuziehen und in die Erfolgsbilanz eines Unternehmens zu integrieren. Ziel der »Menschlichkeitsbilanz« ist nach Brockhoff und Panreck der Beleg, dass sich zum Beispiel das Vertrauen, das eine Führungskraft einem Mitarbeiter entgegenbringt, in Euro und Cent auszahlt: Wer den Mitarbeiter – natürlich unter Berücksichtigung der Compliance-Regeln – zum Essen einlädt, mit ihm auch einmal ein privates Gespräch am Arbeitsplatz führt und in den Aufbau einer wertschätzenden Kultur investiert, darf damit rechnen, dass dieser sich mit noch mehr Engagement für die Erreichung der Unternehmens-, Abteilungs- und Teamziele einsetzt.

 Richtig und lobenswert sind alle Initiativen, die dem Ansatz dienen, humanitäre Werte in die Erfolgsbilanz eines Unternehmens einzurechnen. Unternehmen mit Persönlichkeit versuchen dies zumindest.

Als Beispiel für die Entwicklung vom zahlengesättigten Managertyp hin zu einer menschenorientierten Führungskraft gilt Bodo Janssen. Der Geschäftsführer der Hotelkette Upstalsboom hat in seiner Firma nach einer verheerenden Mitarbeiterbefragung das Glück des einzelnen Menschen zum obersten Unternehmensziel ausgerufen und versucht gleichfalls, mehr Menschlichkeit im Unternehmen als Erfolgsfaktor zu etablieren. Und tatsächlich sind in seinem Unternehmen die Krankentage und Fehlzeiten zurückgegangen, Umsatz und Mitarbeiterzufriedenheit hingegen haben sich verdoppelt. Er führt dies zurück auf die Ausrichtung »Mehr Menschlichkeit im Unternehmen«. (Janssen 2016)

Beispiele wie diese zeigen, dass die weichen Faktoren durchaus einen positiven Einfluss auf die harten Faktoren wie Kosten, Umsatz, Produktivität und Verweildauer der Mitarbeiter im Unternehmen ausüben können. Entscheidend ist dabei stets das zugrunde liegende Menschenbild. Bei VAUDE ist die Geschäftsführung »grundsätzlich davon überzeugt, dass unsere Mitarbeiter sich gerne und aktiv einbringen möchten«. Mitarbeiter werden prinzipiell als Menschen wahrgenommen, nicht als Variablen oder Faktoren, die Ärger und Kosten verursachen könnten.

Gelungene Mitarbeiterbeziehungen durch Mitarbeiterorientierung

Für fokussierte Unternehmer- und Führungspersönlichkeiten hat Führung immer zum Ziel, dass die Menschen mit Ambition und Leidenschaft bei der Sache sind und das Unternehmen betreten, weil sie der Unternehmenswelt gern angehören. Die Mitarbeiter können sich darauf freuen, einer Arbeit nachzugehen, die sie erfüllt und mit der sie sich verbunden fühlen. Sicherlich: Wir alle wissen, dass dies in der Unternehmenswirklichkeit noch nicht die Regel ist, aber dies kann fokussierte Persönlichkeiten nicht davon abhalten, ein Umfeld zu gestalten, in dem sich die Menschen mit Spaß und

Freude aufhalten und ihrer Tätigkeit intrinsisch motiviert nachgehen.

Bodo Janssens Unternehmen Upstalsboom, Götz W. Werners dm-Läden und auch Antje von Dewitz' Firma VAUDE und die GLS Gemeinschaftsbank sind Beispiele dafür, dass dies gelingen kann. Dabei spielt der Faktor »Wertschätzung« die größte Rolle. Bei VAUDE etwa wird betont, dass Vertrauen und Wertschätzung in den Beziehungen zu den Mitarbeitern die tragenden Säulen und konstituierenden Elemente der Unternehmenskultur sind.

Immer wieder belegen Umfragen, Untersuchungen und Studien, dass das Gehalt und andere materielle Faktoren zumindest in Deutschlands Firmen eine eher untergeordnete Rolle spielen. Wichtig sind den Arbeitnehmern vielmehr Punkte wie eben jene Wertschätzung und das Verhältnis zu den Kollegen und den Chefs. Jüngst haben dies die Unternehmensberatungen Boston Consulting Group, StepStone und The Network durch eine weltweite Befragung von über 366 000 Menschen nachgewiesen, bei der unter anderem auch die zehn wichtigsten Jobfaktoren für Berufstätige in Deutschland ermittelt wurden – die Wertschätzung landete auf Platz eins, das gute Verhältnis zu den Kollegen auf Platz zwei. (Boston Consulting Group 2018)

 Menschen arbeiten in der Regel gern dort, wo sie wertgeschätzt werden und ein angenehmes Arbeits- und Betriebsklima vorfinden, kurz: wo der Mitarbeiter im Fokus steht.

Umgekehrt sind der Ärger über schlechte Chefs und mangelnde Anerkennung für erbrachte Leistungen häufige Kündigungsgründe. Führungspersönlichkeiten legen darum viel Wert darauf, zu coachen und zu inspirieren, statt zu kontrollieren; sie führen mit Vereinbarungen statt mit Vorgaben und Anweisungen. Wohl die meisten Mitarbeiter möchten an Entscheidungen beteiligt werden, sie fordern zumindest bei den wichtigsten Entwicklungen im Unternehmen Transparenz und Offenheit. Eine Lernkultur, bei der Fehler als Anstöße zu Lernprozessen und zur Verbesserung gelten, stößt auf größere Akzeptanz als eine Fehlerkultur, bei der die Suche nach einem Schuldigen im Vordergrund steht.

Die genannten Faktoren werden oft deklariert, aber nicht immer mit Inhalten gefüllt. Bei dm scheint dies anders zu sein. Dort gibt es beispielsweise eine »Wertbildungsrechnung«. Gemeint ist, dass alle Mitarbeiter die Möglichkeit haben, auf die Unternehmensergebnisse zu schauen, damit die dm-Filialen auf einem Kenntnisstand sind, der es ihnen erlaubt, Entscheidungen für die Filiale zu treffen.

Bemerkenswert: dm hat ein Wörterbuch entwickelt, in dem Wert auf eine achtsame Sprache gelegt wird, um dem Menschen im Mitarbeiter gerecht zu werden. Geschäftsführer heißen intern Regionsverantwortliche, statt Firma sagt man Arbeitsgemeinschaft. »Wir sprechen nicht von Personalkosten. Wenn ich jemandem vermittle, *Du kostest Geld!*, könnte der sich als Belastung empfinden. Das wollen wir nicht«, so eine junge Filialverantwortliche bei dm. Die Auszubildenden heißen dort »Lernlinge« – in einem Interview betont Werner: »Wenn ich junge Menschen einbinden will, dann darf ich sie nicht Auszubildende nennen, weil das etwas ganz Passives ist. Wir wollen sie zum eigenverantwortlichen Lernen ermutigen und nicht belehren. Die Ausbildung wird zum Teil eines ganzheitlichen Bildungsgedankens. Und was den Begriff ›Mitarbeitereinkommen‹ angeht: Von Personalkosten zu sprechen, ist widersinnig. Mitarbeiter sind keine Kostenfaktoren! Sie ermöglichen vielmehr die zukünftige Leistung des Unternehmens. Das ist eine ganz andere Perspektive – eine, die motiviert und Sinn stiftet.« (Werner 2018)

Ein weiterer Beleg für das Engagement, die Mitarbeiterbeziehungen so zu gestalten, dass sich die Menschen durch die ihnen entgegengebrachte Wertschätzung am Arbeitsplatz wohlfühlen, ist die Einkommensbestimmung: Es gibt einen »Einkommensfindungsprozess«, sodass die Gehaltsstrukturen für alle nachvollziehbar sind. Mitarbeiter sollen in ihrer Tätigkeit einen Arbeitsplatz sehen, nicht nur einen Einkommensplatz. Götz W. Werner sagt dazu: »Ich bin der Auffassung, man muss in die Menschen investieren und ihnen etwas zutrauen, sodass sie bereit sind, Verantwortung zu übernehmen. Es ist eine Grundfrage, ob man den Menschen kontrollieren oder ihm Verantwortung übertragen will. Meiner Meinung nach ist jeder verantwortungswillig und auch verantwortungsfähig.« (Werner 2019)

Auch bei dm und den anderen aufgeführten Unternehmen wird es immer wieder Stolpersteine und auch Verwerfungen in Veränderungsprozessen geben. Entscheidend ist für mich, dass es mithilfe der genannten Maßnahmen gelingt, ein Vertrauensverhältnis aufzubauen und eine Vertrauenskultur zu etablieren, in der von den Mitarbeitern etwas verlangt werden kann, aber ihnen auch etwas zugetraut wird.

Dabei gehen die Unternehmen das Thema »Vertrauensaufbau« durchaus nicht blauäugig und naiv an. Bei VAUDE beispielsweise weiß man, dass sich Mitarbeiter dann am Arbeitsplatz wohlfühlen, wenn sie, vor allem durch die Führungskräfte, Vertrauen erleben und im Verhalten spüren – darum ist die Vertrauenskultur ein »wesentlicher Bestandteil unserer Unternehmenskultur und -werte«. Zugleich jedoch heißt es dort: »Uns ist bewusst, dass wir uns damit als Organisation verletzlich machen. Wir vertrauen diesbezüglich auf unsere Mitarbeiter und bauen darauf, dass sie das Vertrauen zurückgeben. Wir verfügen jedoch auch über die notwendigen Mittel, um Vertrauensbrüche zu identifizieren und in entsprechenden Situationen angemessen reagieren zu können.«

Gelungene Kundenbeziehungen durch dienende Haltung

»Für dieses Unternehmen arbeiten wir gern«, heißt es unter den Mitarbeitern. »Bei diesem Unternehmen kaufen wir gern ein« unter den Kunden. Bei der Beantwortung der Frage, wann genau wir von »gelungenen Kundenbeziehungen« sprechen können, betreten wir ein unendlich weites Feld. Eine wichtige Rolle nimmt das Customer-Experience-Management ein, also das Ziel eines Unternehmens, für die Kunden jederzeit und an jedem Kontaktpunkt positive Erfahrungen zu prägen. Grundlegend ist wiederum die Haltung, und zwar zum Kunden, der nicht als Käufer, Verbraucher, Garant des Gehalts, das das Unternehmen zahlt, oder als lästiges Mittel zum Zweck interpretiert werden darf. Zentrales Anliegen ist vielmehr eine dienende Haltung, ohne allerdings eine kriecherische Attitüde anzunehmen. Dabei soll gar nicht verschwiegen werden, dass es durchaus problematische Kundenbeziehungen gibt. Und das darf auch nicht verdrängt oder schöngeredet werden. Trotzdem: Ein Mitarbeiter im evolutionären Unternehmen sieht im Kunden grundsätzlich jemanden, der für ihn im Moment des Kontakts – sei es von Angesicht zu Angesicht, sei es virtuell, sei es im Austausch per E-Mail, Telefon oder anderen Medien – der »wichtigste Mitmensch auf der Welt« ist. Um jeden Kunden wird gekämpft, jeder Kunde ist gleich viel wert, der Mitarbeiter will jedem Kunden einen größtmöglichen Nutzen stiften. Und darum behandelt er ihn so, wie dieser behandelt werden möchte. Er kommuniziert mit ihm auf die Weise, die der Kunde wünscht.

 Ziel ist das Streben nach qualitativer Vollkommenheit, bei der der Kunde das Maß aller Dinge ist. Diese Qualitätskultur führt oft zu wahrhaftiger Kundenbegeisterung.

Dazu ist es notwendig, das Wertesystem und die Motivwelt des Kunden möglichst gut zu kennen. Ist dies der Fall, kann der Mitarbeiter die Wünsche, Bedürfnisse und Erwartungen des Kunden realistisch einschätzen und im Kundenkontakt eine Subjekt-Subjekt-Beziehung aufbauen. Der Kunde wird nicht als Objekt und Funktionsträger gesehen – nach dem Motto: »Du erfüllst für mich die Funktion, dass du meine Produkte und Dienstleistungen kaufen sollst« –, sondern als Subjekt, mit dem eine empathische Kundenbeziehung möglich ist, in der im Idealfall auch ein gemeinsames Wir aufscheinen kann. In diesem Zusammenhang erinnere ich an das bereits erwähnte Weihnachtskarten-Beispiel: In dem Moment, in dem ich die handgeschriebenen persönlichen Glückwünsche las, hatte ich das Gefühl, für jene Führungskräfte der »wichtigste Mensch auf der Welt« zu sein. Falls dort allen Mitarbeitern und allen Kunden unter dieser Prämisse begegnet wird und sich, über Weihnachten hinaus, diese Haltung stringent durch das Unternehmen zieht, dürfte es in diesem Unternehmen gelingen, an allen Kundenberührungspunkten begeisternde Kundenerfahrungen zu kreieren.

Die Kundenzentrierung ist in den Firmen, um die es hier geht, weit vorangeschritten. Das liegt meistens daran, dass die Kundenorientierung von allen Verantwortlichen, den Führungskräften und allen Mitarbeitern als Top-eins-Priorität angesehen und entsprechend umgesetzt wird. Den Kunden als König zu behandeln ist rasch gefordert und (daher) gesagt. Sich jedoch angesichts hektisch-stressiger Umstände die wertvolle Zeit zu nehmen, dem Kunden persönlich zu schreiben, dem Slogan vom König Kunde also Taten folgen zu lassen, ist die unendlich mühseligere Aktivität. Sie gelingt besser, wenn die Führung vorangeht und über ihre Vorbildfunktion wirkt. Natürlich muss dann auch die notwendige Zeit freigeschaufelt werden, damit die kundenbezogenen Ziele angegangen und die begeisternden Kundenerlebnisse tatsächlich realisiert werden können. Wer den Kunden als König behandeln will, muss die entsprechenden Ressourcen, Kompetenzen und Befugnisse zur Verfügung stellen.

Zudem sollte die Motivation so beschaffen sein, dass Mitarbeiter lieber die kundenbezogenen Ziele verwirklichen wollen als eigene und interessengeleitete finanzielle Ziele. Mit anderen Worten: Wenn die Provisionsregelung den Verkäufer motiviert, viel zu verkaufen, statt sich auf die Erfüllung der Kundenwünsche zu fokussieren, wird er die Kundenwünsche nur an die zweite Stelle setzen. Sein Ziel wird sein, viel zu verdienen – und nicht die Kundenwünsche in den Fokus zu rücken.

 Kundenzentrierung muss strukturell in den unternehmerischen Prozessen und Abläufen verankert sein. Sonst läuft sie ins Leere.

Gelungene Stakeholderbeziehungen durch Erfahrungsvertrauen

Die Notwendigkeit gelungener Mitarbeiter- und Kundenbeziehungen wird zwar in den meisten Unternehmen erkannt, selbst wenn die entsprechenden Maßnahmen nicht immer konsequent umgesetzt werden. Es handelt sich mithin eher um ein Umsetzungs- als um ein Erkenntnisproblem. Im Gegensatz dazu rücken die Beziehungen zu anderen Stakeholdern wie etwa den Lieferanten, aber auch zur Öffentlichkeit seltener in den Blickpunkt. Entscheider und Führungskräfte, die wollen, dass ihr Unternehmen als Persönlichkeit wahrgenommen wird, betrachten Zulieferer als Unterstützer und Helfer auf dem Weg dorthin. Sie gelten als Erfolgspartner, nicht als Erfüllungsgehilfen, die das Unternehmen durch den Lieferanteneingang betreten müssen.

Der Öffentlichkeit und der Presse, aber auch den Geldgebern gegenüber ist es empfehlenswert, ein Reputationsmanagement zu etablieren. »Reputation ist der Ruf, den ein Unternehmen bei seinen Interessengruppen hat, bei Kunden, Arbeitnehmern, Lieferanten, Investoren, der Öffentlichkeit«, so der Journalist Christian Sywottek. Dabei kann sich der Ruf von Gruppe zu Gruppe unterscheiden, zuweilen hat das Unternehmen keinen direkten Einfluss auf den eigenen Ruf, weil die subjektive Wahrnehmung durch die verschiedenen Gruppen sehr unterschiedlich ausfallen kann. Was der Kunde toll findet, muss der Investor noch lange nicht bejubeln. »Reputation ist immer Zuschreibung. Unternehmen werden an Dingen gemessen, die sie nicht vollständig kontrollieren können.« (Sywottek 2018, S. 10, S. 11)

Vollständige Kontrolle ist nicht möglich und im Rahmen eines fruchtbar-lebendigen Austauschs mit der Öffentlichkeit zuweilen auch nicht erwünscht und gewollt. Erstrebenswert jedoch ist die Einflussnahme durch Erfahrungsvertrauen – Erfahrungsvertrauen geht noch einen Schritt weiter als Reputationsvertrauen:

Ziel ist, dass die Stakeholder positiv geprägte Erfahrungen im Kontakt mit dem Unternehmen machen und so eine emotionale Bindung zum Unternehmen aufbauen.

Im Umgang mit den Verantwortlichen und den Vertretern des Unternehmens spielen dann Faktoren wie Verlässlichkeit und Mitmenschlichkeit eine zentrale Rolle. Wenn es zum Beispiel zu einem Konflikt kommt, der sich zu einem handfesten Skandal auswachsen könnte – oder bereits ausgewachsen hat –, ist es wichtig, dass die Unternehmensverantwortlichen selbst das Licht der Öffentlichkeit suchen und nicht einen Pressereferenten, Pressesprecher oder Stellvertreter an die Front schicken. Es geht um das authentische Eingestehen auch von Fehlern, die nicht verschwiegen oder anderen in die Schuhe geschoben werden dürfen. Die auf vielen Vorstandsetagen vorherrschende Arroganz droht dabei viel Porzellan zu zerschlagen; denken wir nur an das Verhalten von VW-Vorständen oder Bankvorständen, das nicht nur im jeweiligen eigenen Haus, sondern in der gesamten Branche zu einem Vertrauensverlust führt.

Entscheidend ist also, nicht nur an den vertraulichen Beziehungsaufbau zu Kunden und Mitarbeitern zu denken, sondern dabei die anderen Stakeholder einzubeziehen und mit ins Vertrauensboot zu holen. Das zentrale Anliegen, ein Wir-Gefühl zu schaffen, umfasst mithin alle beteiligten Gruppen. In den wichtigen »Momenten der Wahrheit« muss es gelingen, die Stakeholder dazu zu bewegen, auch in schwierigen und kritischen Situationen dem Unternehmen Vertrauen zu schenken. Evolutionäre Unternehmen mit Persönlichkeit streben dies zumindest an, ohne die Gewähr zu haben, dass dies immer gelingt.

»Mit diesem Unternehmen arbeiten wir gern zusammen«: Das Wichtigste im Überblick

✳ Den Dreiklang von gelungenen Mitarbeiter-, Kunden- und Stakeholderbeziehungen erzielen evolutionäre Unternehmen mit Persönlichkeit durch ein Gefühl der Verbundenheit.

✳ Im Fokus der gelungenen Beziehungen steht der Aufbau einer Vertrauenskultur auf allen Ebenen.

»Ich kann freilich nicht sagen, ob es besser werden
wird, wenn es anders wird, aber so viel kann ich sagen:
Es muss anders werden, wenn es gut werden soll.«
GEORG CHRISTOPH LICHTENBERG

Kapitel 4

Prozess statt Projekt: Evolutionärer Kulturwandel im Unternehmen

Ihr Check für die schnelle Übersicht	
Was dieses Kapitel bietet	Evolutionärer Kulturwandel unterscheidet sich vom revolutionären dadurch, dass Bewährtes beibehalten und auf seine Zukunftsfähigkeit hin überprüft wird. Der Kulturwandel steht auf den Schultern der bisherigen Stärken.
Fortschritte, die Sie erzielen können	Analysieren Sie, ob bei Ihnen ein Kulturwandel mithilfe eines Step-by-Step-Prozesses möglich ist.

Kulturwandel als Step-by-Step-Prozess

Die digitale Transformation ist weniger eine technologische als vielmehr eine kulturelle Herausforderung. Der Grund: Es sind Menschen beteiligt, und die meisten Menschen lieben nun einmal vor allem die Nicht-Veränderung. Sie wollen, dass alles – oder doch zumindest das meiste – beim Alten bleibt. Und wenn sich schon etwas verändern muss, dann doch bitte schön langsam und in kleinen Schritten und nicht disruptiv, revolutionär, umstürzlerisch und so, dass kein Stein mehr auf dem anderen bleibt. Das bedeutet: Die Menschen müssen auf der kulturellen Ebene auf die Veränderung vorbereitet werden – dann sind sie eher willens und in der Lage, auch notwendige disruptive Sprünge im technologischen Bereich zu akzeptieren und zu bewältigen.

Evolutionäre Unternehmen wissen, dass sich die digitale Transformation am besten meistern lässt, wenn zunächst einmal der Weg zum Kulturwandel erfolgt, und zwar kontinuierlich und evolutionär. Ein Kulturwandel wird selten durch ein einschneidendes Ereignis ausgelöst, sondern ist vielmehr die Folge eines Step-by-Step-Prozesses, der von der Unternehmensführung gemeinsam mit den Mitarbeitern durchlaufen worden oder noch im Gang ist. Es handelt sich also um eine evolutionäre Aufgabe, die in vielen kleinen Schritten oder »Baby-Steps« gemeistert werden muss.

 Kulturwandel ist ein permanenter Anpassungsprozess an sich ständig verändernde Rahmenbedingungen.

Auf dem Weg zu einer evolutionären Unternehmenskultur spielen eine »Weg-von«- und eine »Hin-zu«-Bewegung eine wichtige Rolle: Die Führungs- und Beziehungsstrukturen entfernen sich

✳ weg von einer Kultur, die den Mitarbeiter als Mittel zum Zweck sieht, und
✳ hin zu einer Unternehmenskultur, deren Ziel es ist, die Potenziale der Mitarbeiter in einem sinnstiftenden, wertschätzenden und inspirierenden Umfeld zu entfalten. Dabei werden die Potenziale und das Engagement der beteiligten Menschen als Grundpfeiler des Unternehmenserfolgs gesehen.

Die Schlussfolgerungen, die ich im Hinblick auf Unternehmen, denen der Kulturwandel gelungen ist, ziehe, sind:

* Kulturwandel gelingt als evolutionärer Prozess.
* Evolutionärer Kulturwandel ist dann erfolgreich(er), wenn er die Menschen mitnimmt.
* Evolutionärer Kulturwandel führt dazu, dass sich Unternehmen auf ihr Kerngeschäft fokussieren und gleichzeitig in der Lage sind, Innovationen hervorzubringen und neue Herausforderungen zu meistern.

Lassen Sie uns diese Punkte vertiefen.

Was die Dampfmaschine mit Kulturwandel zu tun hat

Wir Menschen lieben den Mythos vom genialen Einfall des Einzelgängers, der alles Bisherige auf den Kopf stellt. Doch die Idee, dass Erfindungen wie das Rad, der Buchdruck oder die Dampfmaschine quasi infolge eines einzigartigen Einfalls eines Erfinders über Nacht entstehen konnten, bekommt Risse. Viele Erfindungen sind vielmehr das Ergebnis eines jahrelangen Prozesses, bei dem in mühsamer Kleinarbeit nach und nach Verbesserungen vorgenommen worden sind. So beschreibt Ben Russell, Kurator für Maschinentechnik im Science Museum in London, dass wichtige Entwicklungen meistens in einem komplexen Veränderungsumfeld entstünden. James Watt etwa, der als Erfinder der Dampfmaschine gilt, brauchte wohl sieben Jahre, um aus seiner Erfindung ein marktfähiges Modell zu entwickeln. Dabei hat er auch von den Forschungsergebnissen seiner Konkurrenten und Wettbewerber profitiert. Aus heutiger Sicht beginnt die industrielle Revolution am 5. Januar 1769. An diesem Tag hat James Watt das Patent für eine Methode erhalten, »um den Dampfverbrauch in Dampfmaschinen zu verringern – der separate Kondensator«, wie es wenig revolutionär hieß. Auf den Punkt gebracht: Watt hat die Dampfmaschine nicht erfunden, sondern »nur« entscheidend verbessert (siehe dazu Meyer 2019).

Wir müssen uns nicht neu erfinden, sondern neu ausrichten

Kleine Step-by-Step-Verbesserungen und Anpassungsprozesse scheinen also deutlich weniger Aufmerksamkeit zu erregen als die Story vom revolutionären Umsturz. Die Überzeugung, Fortschritt sei eine Aneinanderreihung revolutionärer Umstürze, ist auch in der Diskussion zu den aktuellen digitalen Umbrüchen in Unternehmen zu beobachten. Andreas Buhr und Florian Feltes etwa rufen mit ihrem Wandel von der »Old-School-Führung« zum »New-Work-Leadership« eine Revolution in der Führung aus. Und da ist die Rede von der digitalen Revolution, die zur »Singularität« führe. Was heißt das? Mit Singularität ist der Scheidepunkt gemeint, an dem ein System in etwas vollkommen anderes, in etwas komplett Neues umschlägt. Dafür hat sich der Begriff Disruption durchgesetzt. Leitgedanke ist eine revolutionäre Entwicklung, bei der Geschäftsmodelle von heute auf morgen wegbrechen und durch andere ersetzt werden. Jan Brecke etwa spricht in diesem Zusammenhang von »Singularity Leadership«, einem Führungsmodell, das sich als Antwort darauf versteht, wie Unternehmen die digitale Revolution überstehen können.

All dies ist richtig, hebt aber darauf ab, dass die digitale Transformation vor allem als eine technologische Veränderung gesehen wird. Das verwundert kaum, weil die Ausgangspunkte für die Transformationsprozesse technologische Erfindungen und Entwicklungen sind, die mit Begriffen wie Künstliche Intelligenz (KI), Robotik und Big Data einhergehen. Jedoch ist und bleibt die digitale Transformation weniger eine ausschließlich technische Herausforderung als vielmehr eine kulturelle.

 Unternehmen stehen vor allem vor einer kulturellen Herausforderung. Der technologische Wandel kann nur gelingen, wenn er mit einem kulturellen Wandel einhergeht.

Unternehmen müssen sich nicht neu erfinden, sondern sich ständig neu ausrichten, indem sie den Ausgangspunkt und den Ist-Zustand analysieren und prüfen, welche Anpassungen und Verbesserungen in der Organisation und den Unternehmensabläufen selbst vorgenommen werden müssen, um sich dann auf die (Lern-)Reise zu begeben und Schritt für Schritt dem gewünschten Ziel-Zustand anzunähern. Wichtig ist es also, ein Zielbild zu malen und dann einen Umsetzungsplan zu entwickeln, wie sich dieses Zielbild realisieren lässt.

Es genügt jedoch nicht, wenn sich die Unternehmensleitung im stillen Kämmerlein ein paar Werte überlegt und diese dann in Sonntagsreden als Grundlage einer neuen Kultur deklariert, in Hochglanzflyern abfeiert und verspricht, diese zeitnah zu implementieren. Die Werte eines Unternehmens über Plakate und Gesichter von Mitarbeitern für alle im repräsentativen Foyer der Unternehmenszentrale sichtbar zu machen, ist das eine. Eine Bedeutung bekommen Werte jedoch erst, wenn sie von allen verstanden und auch gelebt werden und nicht nur hohle Worte bleiben. Denn wenn Worten keine nachhaltigen Taten folgen, entstehen bei Mitarbeitern und Führungskräften Frustration, Verwirrung und nicht selten Zynismus. Entscheidend ist: Die gemeinsam, also unter Beteiligung möglichst vieler Führungskräfte und Mitarbeiter, entwickelten Werte und die daraus resultierenden Führungsleitsätze müssen Konsequenzen für die Ausgestaltung der Unternehmensorganisation haben.

Ein einfaches Beispiel: Ein Kulturwandel unter dem Motto »Mit transparenter konstruktiver Kommunikation zu mehr Mitarbeiterorientierung« muss sich auch in der Art und Weise niederschlagen, wie in Zukunft Einstellungs- und Mitarbeitergespräche ablaufen und die Führungskräfte mit den Mitarbeitern kommunizieren. Mit einer legereren Kleiderordnung, einer Duz-Kultur und dem Aufstellen eines Fußball-Tischkickers ist es nicht getan. Vielmehr geht es darum, eine konstruktive und transparente Kommunikation unter dem Aspekt der Mitarbeiterorientierung zu etablieren. Diese spiegelt sich dann beispielsweise in einer Commitmentkultur wider, bei der Mitarbeiter nach ihrer Meinung gefragt werden, die dann auch in die Entscheidungsprozesse einfließt. Zentral ist die aktive Beteiligung der Beschäftigten, die nicht länger Stichwortgeber sind, sondern Entscheidungen maßgeblich mit beeinflussen. Eine Voraussetzung dabei: Die Führungskräfte erlernen Kommunikationsformen, mit denen es gelingt, die Commitmentkultur in den Dialogen zu etablieren. Was das genannte Beispiel verdeutlichen soll:

 Kulturwandel gelingt nicht über Hochglanzflyer und durch Lippenbekenntnisse, sondern nur über konkrete und sichtbare Handlungen in den Abläufen des Unternehmens.

Prozess statt Projekt

Kulturwandel ist kein Projekt, sondern muss unabdingbar als Prozess begriffen werden. Projekte haben ein festes Anfangsdatum, sie erstrecken sich über einen bestimmten Zeitraum und sind im besten Fall zu einem festgelegten Termin abgeschlossen. Darum geht es beim Kulturwandel nicht. Es handelt sich vielmehr um einen (lebenslangen) Entwicklungsprozess. Dazu müssen Handlungsoptionen systematisch entwickelt und überzeugend und nachhaltig umgesetzt werden. Nur so kann der Wandel im Unternehmen Gestalt annehmen, und zwar in Form von sichtbarem und gelebtem Verhalten.

Evolutionär ausgerichtete Unternehmen haben dies verinnerlicht. Sie ringen ständig um die Balance zwischen zu langsamen und zu schnellen, disruptiven Veränderungen. Denn Veränderungen, die zu langsam erfolgen, führen dazu, dass ein Unternehmen vielleicht zu lange an einem scheinbaren Erfolgsmodell festhält und ein Geschäftsmodell totreitet. Dies zieht dann Selbstzufriedenheit und Stagnation nach sich. Der unerlässliche Wandel wird so immer wieder hinausgeschoben, weil es keinen Anlass und keinen ökonomischen Druck gibt, das Erfolgsmodell zu hinterfragen und weiterzuentwickeln.

Zu schnelle, abrupte und nicht nachvollziehbare Veränderungen wiederum drohen das Unternehmen und vor allem die beteiligten

Menschen zu überfordern. Darum gilt: Evolution statt Revolution. Unternehmen müssen eine Kultur schaffen, die es ermöglicht, sich permanent dem digitalen und technologischen Wandel anzupassen. Dabei müssen auch die Führungsprinzipien angepasst werden. Denn mit dem Denken und den Führungskonzepten der Vergangenheit lassen sich die Herausforderungen der Zukunft nicht lösen.

Wer eine Revolution ausruft, ist allzu schnell bereit, das bislang Bewährte über Bord zu werfen. Wie bereits angedeutet: Dies birgt die Gefahr in sich, viele Menschen auf dem Weg zur Weiterentwicklung zu verlieren – insbesondere die Mitarbeiter, die aufgrund ihrer naturgemäß vorhandenen Immunabwehr gegen Veränderungen ein intensives Beharrungsverhalten an den Tag legen und sich dagegen wehren, notwendige Veränderungsprozesse mitzugestalten. Darum ist es zielführender, zu überprüfen, von welchen Überzeugungen, Einstellungen, Prozessen und Abläufen sich ein Unternehmen verabschieden sollte – und von welchen nicht. Entscheidend ist, die Menschen mitzunehmen und sie davon zu überzeugen, warum und wozu sie bestimmte Entwicklungen unterstützen sollten. Es liegt in der Verantwortung der Führungskräfte, ihnen zu verdeutlichen, dass es sich lohnt, sich für den Kulturwandel zu engagieren. Ansonsten entsteht ein dysfunktionales, verunsicherndes und demotivierendes Arbeitsklima, das einen Kulturwandel nicht nur behindert, sondern häufig auch verhindert.

 Unternehmen in Umbruchzeiten müssen beides schaffen: das bisher erfolgreiche Geschäftsmodell weiterführen und offen sein für das Neue und Innovative – mithin das Bewährte fortführen und das Neue ermöglichen.

Veränderungen um ihrer selbst willen helfen dabei allerdings nicht weiter. Zielführender ist es, die entscheidende Schlüsselkompetenz der Anpassungsfähigkeit aufzubauen, und zwar verbunden mit der Einsicht, dass die Zukunftsfähigkeit des Menschen – und auch der Unternehmen – vor allem durch die Fähigkeit zur Anpassung gesichert werden kann.

Wer evolutionäre Anpassungsfähigkeit erwirbt, ist in der Lage, die technologischen und disruptiven Transformationsprozesse in die bestehenden Unternehmensabläufe einzugliedern oder diese gänzlich zu verändern. Evolutionärer Kulturwandel ermöglicht somit die Integration auch technologischer Revolutionen. Er basiert auf agiler Anpassungsfähigkeit. Die Strukturen und Prozesse müssen so flexibel gehalten werden, dass eine rasche Anpassung an sich ändernde Umfeldbedingungen möglich ist. Dies geschieht unter der Voraussetzung, vorhandene Stärken zu identifizieren und weiterzuentwickeln. Darum ist es gerade in Zeiten tiefgreifender Veränderungen wichtig, die Frage zu beantworten, was am Bisherigen bewahrenswert ist. Um dies herauszufinden, helfen folgende Fragen:

* Was hat uns bisher stark gemacht, auch und vor allem in den Augen und der Wahrnehmung der Kunden?
* Wie können wir diese Stärken nutzen, um den neuen Herausforderungen zu begegnen und sie zu meistern?
* Inwiefern lassen sich diese Stärken mit den zukünftigen Anforderungen verknüpfen?
* Was sollte in die neue Unternehmenskultur einfließen, welche Aspekte der alten Unternehmenskultur sollten in die neue integriert werden? Worauf haben wir dabei zu achten?

Evolutionäre Anpassungsfähigkeit beruht darauf, sich Schritt für Schritt weiterzuentwickeln, ohne »alles über den Haufen zu werfen«. So gelingt es, flexibel und agil das Kerngeschäft fortzuführen und gleichzeitig offen zu sein für erforderliche Innovationen. In der Managementliteratur hat sich dafür der Begriff der Ambidextrie etabliert: Das Wort kommt aus dem Lateinischen, wobei »ambo« »beide« und »dexter« »rechte Hand« bedeutet. Wir können es also mit »Beidhändigkeit« übersetzen. Als Organisationsprinzip meint Ambidextrie, dass es dem Unternehmen gelingt, sowohl das erfolgreiche – und oft auch existenzbewahrende – Kerngeschäft fortzuführen als auch parallel Strukturen aufzubauen, die die dringend notwendigen Innovationen ermöglichen. Probleme entstehen zuweilen, weil in der Unternehmensrealität eine zu starke Ausrichtung auf Erhaltung und Effizienzsteigerung erfolgt. Die Fähigkeit, zugleich effizient und flexibel zu sein, wird hingegen vernachlässigt. Eine der großen Herausforderungen der Zukunft wird darin bestehen, Effizienzsteigerung und Innovationsorientierung miteinander zu verbinden. Dazu ein Beispiel aus der Elektromobilität: In der Autoindustrie zeichnet sich nicht erst seit gestern ein Paradigmenwechsel ab: weg von konventionellen (Dieselantrieb) und hin zu effizienteren Antrieben. Es muss gelingen, zumindest in der Übergangsphase beides zu leisten: das traditionelle Kerngeschäft mit den konventionellen Antrieben voranzubringen und zugleich die innovativen und kreativen Kräfte zu stärken, um die effizienteren Antriebe weiterzuentwickeln.

Aufseiten der Führungskräfte setzt Ambidextrie ein hohes Maß an Ambiguitätstoleranz voraus. Damit ist die Fähigkeit gemeint, mit Zwei- und Vieldeutigkeit, also Ambivalenzen, konstruktiv umzugehen: Auf der einen Seite sollte die Führungskraft das Kerngeschäft sicherheitsorientiert und bewahrend fortführen und die Mitarbeiter entsprechend unterstützen. Und auf der anderen Seite ist es notwendig, dass sie die Mitarbeiter dafür gewinnt, das Neue zu wagen und Innovationen mit Mut und Risiko anzugehen.

Im Zusammenhang mit der Elektromobilität bedeutet das, eine Vielzahl unterschiedlicher, aber sich gegenseitig bedingender Faktoren in den Blick zu nehmen. Es muss gelingen, das Bewährte fortzuführen und das Neue zu ermöglichen und dabei die alten und die neuen Technologien im Kontext sich verändernder Rahmenbedingungen zusammenzuführen. Nur so lassen sich die komplexen Herausforderungen bewältigen, die zum Beispiel durch steigende Ölpreise, die notwendige Regulierung von Schadstoffemissionen und die neuen Mobilitätsbedürfnisse der Menschen entstehen.

Erhaltung, feste Strukturen und Regeleinhaltung hier, New Work, neue Arbeitsformen, agendafreie und offene Räume um Innovationen und Regelbruch dort: Evolutionäre Anpassungsfähigkeit erlaubt es, beidem gerecht zu werden und es miteinander zu verbinden. Die Aufgabe von Geschäftsleitung und Führungskräften besteht darin, die Sinnhaftigkeit und Notwendigkeit der jeweiligen Herausforderung zu verdeutlichen. Es geht mithin darum, dass alle beteiligten Mitarbeiter wissen, dass sie einen wertvollen und unerlässlichen Beitrag leisten, das Unternehmen evolutionär weiterzuentwickeln.

Kulturwandel als Prozess: Das Wichtigste im Überblick

❧ Bahnbrechende Veränderungen wie die digitale Transformation stellen zuallererst eine kulturelle Herausforderung dar, die voraussetzt, die beteiligten Menschen auf den Transformationsprozess vorzubereiten und sie zu gewinnen, ihn mitzugehen und mitzugestalten.

❧ Das Ziel ist, den Weg des evolutionären Kulturwandels einzuschlagen. Das Bewährte wird dabei als Grundlage für Veränderungsprozesse begriffen.

»Fortschritt ist unmöglich ohne Veränderung,
und die, die nicht ihre Einstellung verändern,
können überhaupt nichts verändern.«
GEORGE BERNARD SHAW

Kapitel 5

Das werteorientierte Unternehmen und die acht Ebenen des Bewusstseins

Ihr Check für die schnelle Übersicht	
Was dieses Kapitel bietet	In werteorientierten Unternehmen diskutieren und reflektieren die Verantwortlichen Sinn und Zweck ihres unternehmerischen Tuns. Sie stellen und beantworten die Sinnfrage im Lichte der aktuellen Rahmenbedingungen immer wieder aufs Neue.
Fortschritte, die Sie erzielen können	Sie prüfen, welche der acht Bewusstseinsebenen bei Ihnen bereits Beachtung finden.

Die Frage nach dem Sinn und Zweck

Lassen Sie mich kurz Rückschau halten: Ein evolutionäres Unternehmen hat eine Haltung und eine Kernbotschaft und verfolgt eine Lebensaufgabe. Es strebt nach Nachhaltigkeit, Sinn und Potenzialentwicklung auf allen Ebenen, es agiert fair und mit Vertrauen, Offenheit und Transparenz (Kapitel 1). An seiner Spitze stehen fokussierte Persönlichkeiten (Kapitel 2), die das Unternehmen so entwickeln, dass die Menschen (Mitarbeiter, Kunden etc.) gern mit dem Unternehmen zusammenarbeiten (Kapitel 3). Diese fokussierten Persönlichkeiten wissen, dass die notwendigen Veränderungen mithilfe evolutionärer Prozesse und eines evolutionären Kulturwandels vonstattengehen sollten (Kapitel 4). Das Fundament, auf dem all dies geschieht, ist eine sinnstiftende Werteorientierung, die ein Unternehmen für Menschen wertvoll macht – darum geht es jetzt in diesem Kapitel.

Dabei bedeutet Werteorientierung, dass die Verantwortlichen im evolutionären Unternehmen ihre Werte leben und auf den Prüfstand stellen. Das werteorientierte Unternehmen ist eine von Sinnhaftigkeit durchdrungene Organisation, die die Warum-Frage stellt, reflektiert, diskutiert und beantwortet.

Bei der sinnstiftenden Werteorientierung stehen aus meiner Sicht zwei Aspekte im Fokus:

1. Das werteorientierte Unternehmen will die Frage nach dem Sinn und Zweck beantworten.
2. Es strebt eine Weiterentwicklung auf eine immer höhere Bewusstseinsebene an und will dabei auf jeder Ebene die Bedürfnisse der Menschen berücksichtigen.

Menschen werden in ihrem Handeln beseelt und vorangetrieben von den Werten, an die sie glauben. Darum ist es so wichtig, dass ein Mensch weiß, woran er glaubt, und die Frage nach dem Warum, auch dem emotionalen Warum, beantwortet oder sich zumindest diese Frage stellt. Daraus ergeben sich seine handlungsanleitenden Motive, daraus leitet er seine Identität ab. Ähnliches gilt für Unternehmen, bei denen jedoch nicht die persönlichen und individuellen, sondern die organisationalen Werte und Motive im Vordergrund stehen. Die entscheidenden Fragen in diesem Zusammenhang sind:

»Warum tun wir das, was wir tun? Welchen Zweck wollen wir erfüllen, welchen Sinn hat das, was wir tun? Worin besteht unsere Aufgabe? Warum muss es uns geben und warum sollten die Menschen, warum sollten die Kunden über uns sagen, dass es gut und richtig sei, dass es uns gibt?«

Wenn eine Organisation nicht an dem »Warum« arbeitet, droht in der Wahrnehmung der Menschen das Ganze sinnlos zu werden. Gelingt es nicht, die Frage nach dem Sinn und Zweck zufriedenstellend zu beantworten, droht Demotivation. Denn Menschen lassen sich nicht von außen motivieren, nur sie selbst sind in der Lage, sich zu motivieren. Das heißt: Führungskräfte können Mitarbeiter nicht motivieren, sie aber durch ihr Führungsverhalten tief in die Demotivationsfalle stürzen lassen. Und zwar vor allem dann, wenn sie keine Antworten auf die Warum-Frage zu bieten haben.

 Mitarbeiter, die wissen, warum sie das tun, was sie tun, können »Ja« sagen zu ihrem Leben und zu ihrer Arbeit. Und dies wirkt sich meistens positiv auf ihre Leistungsbereitschaft aus.

Eine Vision, eine Mission und auch eine Kernbotschaft, in denen sich die Lebensaufgabe eines Unternehmens klar und deutlich zum Ausdruck bringt, bietet den Menschen Orientierung, Halt, Stabilität und Sicherheit. Es gehört Mut dazu, als Verantwortungsträger in den Unternehmen die Frage nach dem Sinn und Zweck immer wieder zu stellen und neue Antworten zu finden. Hilfreich ist dabei aus meiner Sicht ein ständiger Selbstreflexionsprozess, bei dem die Frage nach dem Warum des unternehmerischen Handelns und den handlungsleitenden Werten reflektiert wird und die gefundenen Antworten in konkrete Umsetzungsmaßnahmen gegossen werden. Entscheidend ist zudem das Wissen, dass die gefundenen Antworten auf die Warum-Frage nie einen Endgültigkeitsanspruch haben, sondern immer wieder im Rahmen jenes Selbstreflexionsprozesses aufs Neue gestellt, diskutiert und beantwortet werden.

Die Klärung des Sinns und Zwecks stellt eine lebenslange unternehmerische Herausforderung dar.

Das bedeutet: Die Verantwortlichen in werteorientierten Unternehmen stellen die organisatorischen Strukturen darauf ab, dass sich niemand mit den gefundenen Antworten zufriedengibt. In Mitarbeitermeetings, Führungszirkeln und bei Treffen auf allen Ebenen bis hoch zum Topmanagement ruht sich niemand auf dem Erreichten aus. Vielmehr steht die Warum-Frage kontinuierlich auf der Agenda: »Warum und wozu machen wir das, was wir machen? Und welche Werte sind dabei entscheidend?«

Wenn es in einem Unternehmen auffallend viele Mitarbeiter gibt, die sich dort gern und jeden Tag für die Erreichung der Unternehmensziele engagieren, dann kann man davon ausgehen, dass die Arbeit in diesem Unternehmen sinnstiftend ist und die Menschen genau wissen, warum sie sich dort jeden Tag einbringen wollen. Das gilt auch auf der Kundenseite: Wenn eine Befragung zu dem Ergebnis führt, dass die Kunden bei einem Unternehmen nicht nur gern einkaufen, sondern dies mit Überzeugung und Begeisterung tun, dann dürfen wir vermuten, dass das Unternehmen die Frage nach dem Warum, den handlungsleitenden Werten und seiner Aufgabe und Bestimmung beantworten kann.

Die Verantwortlichen in einem Unternehmen sollten sich also in den Selbstreflexionsprozess begeben. Es geht um die mühsame und zugleich motivierende Beantwortung der Grundsatzfrage: »Entspricht das, was wir machen, immer noch dem unternehmerischen Zweck, den wir verfolgen? Oder müssen wir im Rahmen eines evolutionären Prozesses Veränderungen und Anpassungen vornehmen?« Drogerieunternehmer Dirk Roßmann sagt: »Unternehmen müssen daran gemessen werden, was sie tun.« Mitarbeiter würden sich nur anstrengen, wenn sie mit dem Unternehmen zufrieden seien.

Die Ebenen der Bewusstseinsentwicklung

In den Werten von Menschen spiegeln sich immer deren Bedürfnisse. Dabei weisen die menschlichen Bedürfnisse eine enorme Bandbreite auf. Dies hat bereits Abraham Maslow (1908–1970) mit seiner bekannten Bedürfnispyramide aufgegriffen. Der US-amerikanische Psychologe hat zwischen physiologischen Bedürfnissen (Grund- und Existenzbedürfnissen), Sicherheitsbedürfnissen, sozialen Bedürfnissen und Individualbedürfnissen unterschieden. Weniger bekannt ist, dass Maslow sein Modell erweitert und dann neben den physiologischen, den Sicherheits-, den sozialen und Individualbedürfnissen auch von kognitiven und ästhetischen Bedürfnissen sowie den Bedürfnissen nach Selbstverwirklichung und nach Transzendenz gesprochen hat.

Bedürfnispyramide (in Anlehnung an Abraham Maslow)

Ich bin der Meinung, dass sich ein Unternehmen nur dann zukunftsfähig entwickeln kann, wenn es möglichst viele Bedürfnisse der Menschen, die für das Unternehmen tätig sind, berücksichtigt und zu befriedigen versucht. Diesen Gedanken hat Richard Barrett zur

Grundlage seines Modells von den »sieben Bewusstseinsebenen« gemacht. Barrett unterscheidet zwischen den Ebenen »Überleben«, »Beziehungen«, »Selbstachtung«, »Transformation«, »Innerer Zusammenhalt«, »Einen Unterschied machen« und »Dienen«. Auf jeder Ebene adressiert das Unternehmen bestimmte Werte und Bedürfnisse, und zwar die Bedürfnisse der Organisation oder des Unternehmens und die Bedürfnisse der Mitarbeiter. Es geht ihm also sowohl um die Beachtung der organisationalen als auch der persönlichen Bedürfnisse (vgl. Barrett 2016, S. 17–34). Damit erhebt Barrett konsequent die Bedürfnisse der Menschen, vorrangig der Mitarbeiter, zur Grundlage einer werteorientierten Unternehmensführung. Werteorientierte Unternehmensführung heißt auch nach meinem Verständnis bedürfnisorientierte Unternehmensführung. Trotzdem bedarf das Modell der »sieben Bewusstseinsebenen« einer Erweiterung und Ergänzung um eine achte Ebene – dazu später mehr. Lassen Sie uns zunächst einmal jene sieben Bewusstseinsebenen ausführlicher betrachten (vgl. Barrett 2016).

Bewusstseinsebene 1: Überleben

Hier stehen existenzielle Dinge im Vordergrund: Die Mitarbeiter haben das Bedürfnis nach Gesundheit, Sicherheit und nach einem auskömmlichen Einkommen. Die organisationalen Bedürfnisse betreffen vor allem die finanzielle Stabilität und die Rentabilität, das ökonomische Fundament muss vorhanden und tragfähig sein.

Bewusstseinsebene 2: Beziehungen

Mitarbeiter möchten sich zugehörig fühlen und in einer Atmosphäre arbeiten, die von gegenseitigem Respekt, Achtsamkeit, Aufmerksamkeit und Wertschätzung geprägt ist. Auf der Unternehmensebene stehen harmonische und konstruktive Beziehungen zwischen und zu den Mitarbeitern im Fokus. Des Weiteren geht es um tragfähige Kundenbeziehungen. Da Konflikte Beziehungen stören können, strebt das Unternehmen nach einer konstruktiven und produktiven Streit- und Konfliktkultur. Auf der Mitarbeiterebene sorgt es zum Beispiel dafür, dass die Menschen eigenverantwortlich und autonom agieren und ihre Kompetenzen, Potenziale, Fähigkeiten und Talente am Arbeitsplatz entfalten und einsetzen können. Führungskräfte und Mitarbeiter ziehen an einem Strang und bilden eine Einheit.

Bewusstseinsebene 3: Selbstachtung

Die Menschen möchten stolz sein auf das, was sie machen und erreichen. Der Selbstwert und das Selbstvertrauen steigen, wenn diese Achtung durch das Umfeld erfolgt, das alles dafür tut, dass die Mitarbeiter ihre Aufgaben bestmöglich erfüllen und die erforderlichen Leistungen erbringen können, sodass sie stolz auf sich sein können. Dazu gehört eine Kommunikationskultur, die mit Rückmeldungen, Lob und Anerkennung arbeitet. Auf der organisationalen Ebene ist das Bedürfnis nach klaren Strukturen, Prozessen und Abläufen entscheidend, die die Leistungsfähigkeit von Unternehmen und Mitarbeitern unterstützen.

Bewusstseinsebene 4: Transformation

Auf der Mitarbeiterebene ist das Bedürfnis gemeint, sich ständig weiterzubilden und zu lernen. Angesichts der Komplexitätssteigerung im digitalen Zeitalter ist es auch notwendig, *ent-lernen* zu können, sich also von überflüssigem Wissen und überflüssigen Erfahrungen zu trennen. In evolutionär geprägten Unternehmen wird danach gefragt, welches (neue) Wissen notwendig ist und von welchem (alten) Wissen der Abschied nicht schwerfallen sollte. Das Bedürfnis des Unternehmens besteht darin, einen kontinuierlichen Verbesserungsprozess in Gang zu setzen und in Schwung zu halten. Dabei spielen Lern- und Ent-Lernprozesse eine Rolle.

Bewusstseinsebene 5: Innerer Zusammenhalt

Auf der Individualebene spielt es eine Rolle, dass sich der Mitarbeiter mit dem, was er tut, identifizieren kann. Ihm ist wichtig, sich am Arbeitsplatz verwirklichen zu können und eins zu sein mit sich selbst. Es geht um Integrität, Identität und Authentizität, er will im Einklang mit sich selbst leben und arbeiten. Auf der organisationalen Ebene stehen Gedanken der Zusammengehörigkeit und des Zusammenhaltens – auch im Team – im Fokus. Das Unternehmen möchte, dass alle Beteiligten sich an der gemeinsamen Vision und dem gemeinsamen Leitstern orientieren und eine gemeinsame Mission verfolgen. Dazu erarbeitet das Unternehmen ein Identität stiftendes Werte-Set, also ein Bündel an Werten, das für alle eine existenzielle Bedeutung hat. Während die Menschen das tun wollen, was ihrem Lebenszweck und ihren Lebenszielen entspricht, will das Unternehmen seiner Bestimmung gemäß agieren.

Bewusstseinsebene 6: Einen Unterschied machen

Der innere Zusammenhalt hat viel mit dem Blick nach innen zu tun, mit der Beschäftigung mit sich selbst. Daneben haben die Mitarbeiter und das Unternehmen das Bedürfnis, »einen Unterschied zu machen«, der vom Umfeld auch wahrgenommen wird. Dazu gehen Menschen wie Unternehmen zum Beispiel Allianzen und Partnerschaften ein und schließen sich mit anderen zusammen, um mehr leisten zu können, als der Einzelne zu leisten imstande wäre, ganz nach dem Motto: Das Ganze ist mehr als die Summe seiner Einzelteile. Man engagiert sich auch auf einer sozialen Ebene für andere Menschen und die Umwelt. Auf der organisationalen Ebene besteht das Bedürfnis, durch den Zusammenschluss die Resilienz und die Widerstandskräfte zu stärken, auch um als stärkere und schlagkräftigere Einheit auftreten zu können. Der Blick durch die Ego-Brille verliert an Bedeutung, die Partikular- und Einzelinteressen treten in den Hintergrund, wichtiger sind nun die Teaminteressen und die Interessen der Gesamtunternehmung.

Bewusstseinsebene 7: Dienen

Die Menschen möchten etwas zurückgeben, die Mitarbeiter haben den Wunsch, sich mit ihrer Arbeit auch für den Erhalt der Ressourcen einzusetzen. Im ersten Kapitel haben Sie erfahren, dass es Unternehmen gibt, die über den Tellerrand des eigenen Daseinszwecks hinausblicken und sich auf eine nachhaltige Weise für übergeordnete Ziele einsetzen möchten. Die Ego-Brille wird endgültig abgelegt, die gemeinschaftlichen Interessen und die Interessen des Teams stehen im Fokus. Allerdings: Ganz selbstlos ist das dienende Engagement nicht, denn wer sich für die Erhaltung der Umwelt einsetzt und für positive Zukunftsperspektiven sorgen will, denkt auch daran, für die eigene Organisation gedeihliche Rahmenbedingungen zu schaffen und zu erhalten. Trotzdem steht auf dieser Bewusstseinsstufe eindeutig der dienende Aspekt im Mittelpunkt.

Bewusstseinsebene 8: Selbstreflexion

Ich halte es für immens wichtig, die sieben Bewusstseinsebenen um eine achte zu erweitern, und zwar um die Ebene der ständigen Selbstreflexion. Ziel ist es, den Zweck eines Unternehmens zu hinterfragen und die Bedürfnisse der Mitarbeiter zu beachten. Auch auf der achten Bewusstseinsebene geht es also um organisationale und um persönliche Bedürfnisse:

❊ Bei den persönlichen Bedürfnissen dreht es sich um die Wünsche, Erwartungen und Hoffnungen der Menschen, also der Mitarbeiter und der Führungskräfte. Dabei gilt zumeist: Die essenziellen Grundbedürfnisse sind für die meisten Menschen erfüllt. Wichtig und entscheidend für die Mitarbeiter sind heutzutage eher die Bedürfnisse, die sich um die Selbstverwirklichung und den Wunsch nach Transzendenz ranken. Viele Mitarbeiter möchten mit ihrer Arbeit einem Zweck dienen, der über sie hinausweist. Mit Selbstverwirklichung und Transzendenz sind nicht Narzissmus, Egozentrismus und Individualismus gemeint, sondern vor allem der

Wunsch, mit seinem Tun einem oft auch höheren Zweck zu dienen.

⁂ Bei den organisationalen Bedürfnissen geht es in erster Linie um die Beantwortung der Frage nach dem unternehmerischen Zweck, also: »Warum muss es uns geben und warum sollen die Menschen über uns sagen, dass es gut und richtig sei, dass es uns gibt?«

Eine entscheidende Erweiterung des Barrett-Modells besteht im Folgenden:

 Auf der achten Bewusstseinsebene steht die kritische Selbstbefragung im Fokus. Unternehmensleitung und Führungskräfte nehmen eine Metaperspektive ein.

Das Ziel besteht darin, mit Abstand aus der Helikopterperspektive zu fragen, ob die Bedürfnisse der Menschen Berücksichtigung finden und/oder ob Anpassungsprozesse notwendig sind, um die gesteckten Ziele und die damit verbundenen Veränderungen zu erreichen.

Auf der achten Bewusstseinsebene wollen insbesondere die Geschäftsleitung und die Führungskräfte mithilfe konstruktiver Fragen in einen Selbstreflexionsprozess gelangen. Es braucht Mut, die richtigen Fragen zu stellen und den Raum für einen Dialog und zielorientierte Antworten zu eröffnen. Entscheidend ist, dass die Fragen in eine Selbstreflexionsschleife einmünden und dazu inspirieren, über die gegenwärtige Situation, über neue Wege der Veränderung und über erstrebenswerte Ziele und Transformationsprozesse nachzudenken. Dies ist auch wichtig, um »blinde Flecken« aufzudecken. Die kontinuierliche Reflexion des eigenen und des gemeinsamen Handelns ist ein wesentlicher Bestandteil dieser Bewusstseinsebene.

Die Abbildung zeigt die acht Bewusstseinsebenen sowie die Ausgestaltung der persönlichen Bedürfnisse und der organisationalen Bedürfnisse.

Persönliche Bedürfnisse		Organisationale Bedürfnisse
Selbstreflexion: Fragen auf persönlicher Ebene stellen	SELBST- REFLEXION	**Selbstreflexion:** Fragen auf organisationaler Ebene stellen
7 Ego-Brille ablegen, gemeinschaftliche Interessen im Fokus	7	Dienendes Engagement für das 14 Unternehmensganze
6 Allianzen und Partnerschaften schließen, Engagement für andere	6	Teaminteressen, Interessen der 13 Gesamtunternehmung
5 Wunsch nach Identifikation, Integrität, Identität und Authentizität	5	Wunsch nach Vision und Identität 12 stiftendem Werte-Set
4 Bedürfnis nach Weiterbildung und Lernen	4	Bedürfnis nach kontinuierlichem 11 Verbesserungsprozess
3 Bedürfnis nach Selbstwert, Selbstvertrauen, konstruktiver Kommunikationskultur	3	Leistungsfähigkeit durch klare 10 Strukturen, Prozesse und Abläufe
2 Bedürfnis nach Zugehörigkeit, Respekt, Wertschätzung	2	Offene Streit- und Konfliktkultur, 9 Einheitsgedanke
1 Bedürfnis nach Gesundheit, Sicherheit und Einkommen	1	Bedürfnis nach finanzieller 8 Stabilität und Rentabilität

Die acht Bewusstseinsebenen (eigene Darstellung, unter Verwendung von Barrett 2019)

Beispiel: Persönliche und organisationale Fragen stellen

In einem evolutionären Unternehmen werden auf der achten Bewusstseinsebene Fragen zu den anderen sieben Ebenen gestellt und diskutiert, und zwar stets bezogen auf die persönlichen und die organisationalen Bedürfnisse. So kann geklärt werden, ob die entsprechenden Bedürfnisse berücksichtigt werden. Im Idealfall wird geklärt, ob die persönlichen Bedürfnisse der Menschen (Nummer 1 – 7) und die organisationalen Bedürfnisse des Unternehmens (Nummer 8 bis 14) Beachtung finden.

Ein Beispiel dient der Veranschaulichung: Die Geschäftsleitung trifft die Entscheidung, dass die Teams zukünftig mehr Selbstverantwortung übernehmen sollen und dürfen. Die Teamleiter sollen zurückhaltend, unterstützend und coachend agieren, sie treten nicht – wie bisher – als alleinige Lösungsgeber auf. Sie sollen Herrschaftswissen teilen, in flacheren Hierarchien führen, weniger kontrollieren und mehr vertrauen.

Das Unternehmen diskutiert nun auf der achten Bewusstseinsebene im Selbstreflexionsprozess, was die Entscheidung, mehr Selbstverantwortung in die Teams hineinzuverlagern, für die persönlichen (Nummer 1 bis 7) und die organisationalen Bedürfnisse (Nummer 8 bis 14) bedeutet:

1. Welche möglichen Ängste und Befürchtungen könnten durch die Entscheidung entstehen?
2. Was bedeutet die Entscheidung für das Zugehörigkeitsgefühl der Teammitglieder?
3. Werden die Bedürfnisse der Menschen geachtet?
4. Trägt die Entscheidung zum persönlichen Wachstum der Teammitglieder bei?
5. Wird der innere Zusammenhalt durch die Entscheidung gestärkt?
6. Erlaubt die Entscheidung das Engagement für andere Menschen und die Umwelt?
7. Führt die Entscheidung dazu, dass die Teammitglieder die Ego-Brille ablegen können und die Teaminteressen im Mittelpunkt stehen?
8. Welche finanziellen Konsequenzen ergeben sich?
9. Trägt die Entscheidung dazu bei, dass harmonische und konstruktive Beziehungen entstehen?
10. Werden bessere Teamergebnisse wahrscheinlicher?
11. Trägt die Entscheidung auch auf der Unternehmensebene zum kontinuierlichen Verbesserungsprozess bei?
12. Geht die Entscheidung mit den Unternehmenswerten konform und stärkt die Identität des Unternehmens?
13. Stärkt die Entscheidung das Unternehmensganze?
14. Erlaubt die Entscheidung den Einsatz für übergeordnete Ziele?

 In einem evolutionären Unternehmen wird immer gefragt, ob bei Entscheidungen und auch Veränderungen die Bedürfnisse der Menschen und des Unternehmens beachtet werden.

Wer die achte Bewusstseinsebene einnimmt, den Selbstreflexionsprozess voranbringt und solche Fragen (1 bis 14) stellt, erhöht die Wahrscheinlichkeit, Entscheidungen zu treffen, die Klarheit und Orientierung bieten und zum Wohlbefinden der Mitarbeiter beitragen. Die Mitarbeiter gelangen zu der Überzeugung, dass es sinnvoll, zweckorientiert, zielführend und richtig ist, sich einzusetzen. Sie sehen einen Sinn darin, jeden Tag am Arbeitsplatz einen substanziellen Beitrag zur Erreichung der Unternehmensziele zu leisten. Und auf der organisationalen Ebene geht es darum, sich im Selbstreflexionsprozess der unternehmerischen Identität zu vergewissern.

Die achte Bewusstseinsebene bedeutet überdies, dass die Verantwortlichen die in der Kernbotschaft verdichtete unternehmerische Bestimmung hinterfragen: »Befinden wir uns immer noch auf dem Weg, den wir einst eingeschlagen haben? Hat sich an unserer Kernaufgabe etwas geändert? Benötigen wir eine Kurskorrektur?« Es muss bei der Selbstreflexion auf der achten Bewusstseinsebene nicht immer um die »große Werte- und Identitätsfrage« gehen. Es können auch praxisorientierte Überlegungen im Fokus stehen, etwa ob eine getroffene Entscheidung tatsächlich die richtige war. Ein weiteres Beispiel verdeutlicht dies.

Wenn Denken und Tun nicht übereinstimmen

Ich habe ein renommiertes Großunternehmen betreut, von dem sich sagen lässt, dass es hehre Ziele verfolgt, indem es sich zum Beispiel für soziale Fragen und für Umweltfragen engagiert, sich also durchaus um Belange und Bedürfnisse kümmert, die auf den Bewusstseinsebenen 6 und 7 angesiedelt sind. Für die Geschäftsleitung des Unternehmens gab es ein klares Zielbild von einer angestrebten Kooperationskultur, in der das *Wir* eine Bedeutung hat: »Bei uns soll in Zukunft die Wir- und Kooperationskultur noch stärker gelebt werden.« Mitarbeiter und Manager sollten in einen offenen Austausch miteinander treten können. »Nur keine falsche Scheu und kein Hierarchiedenken«, so das Leitmotiv.

Als es dann an die Konzeption einer neuen Mitarbeiterkantine ging, zeigte sich schnell: Der Unternehmenswert »Offenheit und Transparenz« existierte offenbar vor allem in der Theorie. Der Gedanke einer gemeinschaftlichen Kantine für die gesamte Belegschaft behagte der Vorstandsebene nicht, vor allem weil man davon überzeugt war, eine »Extra«-Kantine etwa für wichtige Kundenmeetings sei schon vorteilhaft – da müsse ja nicht jeder Mitarbeiter mithören.

Auf der rationalen Ebene war die Argumentation sinnvoll – natürlich gibt es sensible Meetings mit hochrangigen Kunden, die etwas Diskretion und Abgeschiedenheit fordern. Aber was spricht dagegen, mit diesen Kunden in ein edles Restaurant zu gehen? Zwei Kantinen zu bauen würde die angestrebte Wir-Kultur des Unternehmens jedenfalls konterkarieren und die Botschaft aussenden: »Ihr da unten, wir hier oben.« Man hat den Mitarbeitern wohl nicht so recht getraut und ihnen auch nicht vertraut.

Das Beispiel zeigt: Die Unternehmensleitung hat es versäumt, die achte Bewusstseinsebene einzunehmen und die Konsequenzen der Überlegung, eine Extra-Kantine einzurichten, zu bedenken. Der Selbstreflexionsgrad der Unternehmensleitung und der Beteiligten war nicht allzu hoch ausgeprägt, Sonst hätten sie gemerkt, dass sie zwar einen Wert wie »Offenheit und Transparenz« fordern, aber selbst nicht leben. Zudem wäre es hilfreich gewesen, das Gespräch mit den Betroffenen zu suchen, also die Mitarbeiter zu beteiligen und deren Einwände aufzugreifen. Mithilfe der achten Bewusstseinsebene der Selbstreflexion hätte man den Ausbau der Wir- und Kooperationskultur im Lichte aller Bedürfnisse reflektiert und dabei rasch verstanden, dass es kontraproduktiv ist, die Mitarbeiter außen vor zu lassen.

Stellen wir uns für einen Moment vor, die Führungskräfte wären in der Lage gewesen, die Folgen ihrer Extra-Kantinen-Überlegung im Lichte jener (14) persönlichen und organisationalen Fragen zu prüfen: Rasch hätten sie festgestellt, dass so die Beziehungen zwischen den Führungskräften und den Mitarbeitern gelitten hätten und die

Selbstachtung der Mitarbeiter verletzt worden wäre. Und auch die negativen Folgen für den inneren Zusammenhalt wären deutlich geworden. Ich bin sicher: Durch regelmäßig zusammentreffende Diskussionsrunden, in denen die Bedürfnisse der Mitarbeiter und des Unternehmens auf dem Prüfstand stehen, lassen sich Entscheidungen verhindern, die den Betriebsfrieden und das Arbeitsklima unterminieren.

Werteorientierte Unternehmen: Das Wichtigste im Überblick

✵ Evolutionäre Unternehmen hinterfragen den Sinn und Zweck ihres Tuns, indem sie die Warum-Frage stellen und beantworten.

✵ Die acht Ebenen der Bewusstseinsentwicklung helfen, bei Entscheidungen die Mitarbeiterbedürfnisse und die Bedürfnisse des Unternehmens gleichermaßen zu berücksichtigen.

Im zweiten Teil steht die Frage im Mittelpunkt, wie sich Ihre Firma zu einem evolutionären Unternehmen entwickeln kann.

TEIL II

So gelingt es!

In Teil I ging es um das Ideal und die Beschreibung eines evolutionären Unternehmens mit Persönlichkeit. Jetzt geht es darum, wie es Ihnen in der Realität gelingt, evolutionäre Kraft zu entwickeln. Auf dem Weg zum evolutionären Unternehmen ist es notwendig, bestimmte Gestaltungsfelder zu beachten. Entscheidend ist, dass Sie sich auf das Vorhandene fokussieren, am Bestehenden anknüpfen und evolutionär auf dem aufbauen, was sich bewährt hat. Im Einzelnen:

※ Kapitel 6: Damit der evolutionäre Kulturwandel und die nachhaltige Werteorientierung möglich sind, müssen bestimmte Voraussetzungen erfüllt sein.

※ Kapitel 7: Es gibt evolutionäre Prinzipien, mit denen es gelingt, sich zu einem evolutionären Unternehmen zu entwickeln.

※ Kapitel 8: In evolutionären Unternehmen steht immer der Mensch im Mittelpunkt, insbesondere der Mitarbeiter. Wie gelingt die Konzentration auf den Menschen? Wie lässt sich eine wertschätzende Vertrauenskultur unter dem Leitmotiv »Potenzialentfaltung statt Potenzialvernichtung« etablieren?

※ Kapitel 9: Evolutionäre Unternehmen brauchen fokussierte Führungspersönlichkeiten. Wie gelingt die Entwicklung zu solch einer Führungspersönlichkeit? Im Mittelpunkt steht eine Strategie (EPBS©), mit der sich Führungskräfte zur fokussierten Persönlichkeit statt zum stromlinienförmigen 08/15-Typus entwickeln.

※ Kapitel 10: Evolutionären Unternehmen gelingt die Verbindung von Wirtschaftlichkeit und Ethik – so ist Wirtschaften mit Sinn möglich.

※ Kapitel 11: Evolutionäre Entwicklung erfordert aufseiten der Führungspersönlichkeiten eine Haltung des Gelingens.

✳ Kapitel 12: Zur Haltung des Gelingens gehören die Werkzeuge des Gelingens. Mit ihnen lassen sich auf dem Weg zum evolutionären Unternehmen Veränderungs- und Transformationsprozesse verwirklichen.

»In einem wankenden Schiff fällt um,
wer stillsteht und sich nicht bewegt.«
LUDWIG BÖRNE

Kapitel 6

Mit evolutionärer Kraft zum Kulturwandel

Ihr Check für die schnelle Übersicht	
Was dieses Kapitel bietet	Damit ein Unternehmen zum evolutionären Kulturwandel in der Lage ist, gilt es, bestimmte Voraussetzungen zu erfüllen.
Fortschritte, die Sie erzielen können	Prüfen Sie, welche dieser Voraussetzungen in Ihrem Unternehmen bereits gegeben sind, um evolutionäre Kraft zu entfalten.

Voraussetzung 1: Das Management sitzt mit im Veränderungsboot

Evolutionäre Unternehmensentwicklung gelingt nur mit den Menschen – mit den Mitarbeitern, mit den Führungskräften, dem Management und der Geschäftsleitung. Eine entscheidende Rolle spielt die Führungsspitze: Das Management muss den Veränderungsprozess zu 100 Prozent wollen, unterstützen und voranbringen. Leider gibt es in zahlreichen Firmen immer noch zu viele Menschen an der Spitze, die der Unternehmenskultur und damit dem Kulturwandel einen zu geringen Stellenwert einräumen. Der kurzsichtige Grund: Auf eine fast schon fahrlässige Weise fokussieren sie sich lediglich auf das operative Geschäft und allenfalls die kurz- und mittelfristige Unternehmensentwicklung. Es scheint am Willen zu fehlen und an der Kompetenz sowie am langen Atem, strategischen Weitblick zu entwickeln. Dies aber ist zwingend notwendig, um überhaupt erst die Notwendigkeit eines Kulturwandels frühzeitig zu erkennen.

Dabei sollte der Kulturwandel nicht als Selbstzweck interpretiert werden, nach dem Motto: »Es ist mal wieder an der Zeit, einen Culture Change zu vollziehen!« Nein, Kulturwandel wird meistens angestoßen von neuen Zielen, einer Neuausrichtung oder Neujustierung, etwa weil ein Unternehmen Geschäftsfelder erschließen oder sich von Geschäftsfeldern verabschieden will oder muss. Es ist in den seltensten Fällen richtig, mit dem Gedanken zu starten, einen Kulturwandel in Gang setzen zu wollen. Der Kulturwandel sollte vielmehr stets angedockt sein an der langfristigen Ausrichtung. Und die langfristige Ausrichtung ist nun einmal eine der zentralen Aufgaben des Managements. Wie es nicht gehen sollte, beweist eindrucksvoll die Deutsche Bank – leider. Nach jedem Skandal wird von den verantwortlichen Managern zwar gerne und mit großer medialer Aufmerksamkeit ein Kulturwandel gefordert – der sich dann aber in einem »Wir machen doch lieber so weiter wie bisher« erschöpft. Den Ankündigungen folgen selten Taten.

 Kulturwandel ist nur möglich, wenn das Management, die Geschäftsleitung und das Führungsteam geschlossen hinter dem Veränderungsprozess stehen. Kulturwandel ohne das hundertprozentige Engagement der Führungsetage ist zum Scheitern verurteilt.

Voraussetzung 2: Die inspirierende Vorbild-funktion der Führungskräfte nutzen

Die Überzeugungskraft einer Führungskraft lebt von ihrer Vorbild-wirkung. Ein Chef, der Pünktlichkeit fordert, aber selbst zu spät zum Meeting erscheint, büßt jede Glaubwürdigkeit ein. Wer verlangt, dass während der Sitzung die Smartphones offline sind, aber den ach so »wichtigen Anruf mal schnell« entgegennimmt, dem geht es nicht besser – die Mitarbeiter werden ihn nicht ernst nehmen. Kulturwandel ist dann möglich, wenn die Führungskräfte als leuchtende Beispiele vorangehen. Selbst bei sanften und evolutionären Entwicklungen kommt es zu Umbrüchen, die aufseiten der beteiligten Menschen Ängste und Befürchtungen auslösen können. Wenn es den Mitarbeitern in dieser Situation an Orientierung fehlt, erscheint ihnen die Zukunft oft als ein dunkler Raum. Es ist daher eine zwingende Voraussetzung, dass die Geschäftsleitung und das Management die Sinnhaftigkeit und Notwendigkeit eines Kulturwandels vorleben. Und das gilt für jede Führungskraft, die Personal- und Führungsver-antwortung trägt. Wenn die Mitarbeiter spüren und nachvollziehen können, warum die Führungsspitze und vor allem die unmittelbare Führungskraft von der Sinnhaftigkeit der Veränderung – bis hin zum Kulturwandel – überzeugt sind, wächst die Wahrscheinlichkeit, dass sie sich überzeugen lassen und folgen.

Dies sollte glaubwürdig geschehen, etwa indem eine Führungskraft die Widerstände der Mitarbeiter aufgreift und in Zustimmungsener-gie zu verwandeln versucht. Die Führungskraft sollte dabei nicht mit vorgefertigten Antworten überzeugen wollen, sondern in der Kommunikation und Interaktion mit dem Mitarbeiter die richtigen Fragen stellen. Ziel ist, dass sich der Mitarbeiter mit der Frage be-schäftigt, ob und inwiefern ein Kulturwandel notwendig ist, und sich eine eigene Meinung bildet. Die Führungskraft stellt die Argumente vor, die für den Wandel sprechen, setzt jedoch auf die Freiwilligkeit der Mitarbeiterentscheidung. Natürlich: Wenn dieser dann (immer noch) mit einer negativ-kritischen Einstellung aufwartet, muss die Führungskraft in die nächste Überzeugungsrunde gehen. Das Motto lautet: Fragen stellen ist wichtiger als Antworten geben. Konkret: Sie als Führungskraft stellen die Frage nach dem Sinn und Zweck des Kulturwandels und beantworten diese auch. Allerdings: Es sollte den Mitarbeitern der Raum gegeben werden, auch eigene Antworten zu formulieren.

Ich stelle in meiner Beratungs- und Coachingarbeit fest, dass es Menschen mit Personal- und Führungsverantwortung oft schwerfällt, der Selbsteinsicht und Selbstüberzeugung der Mitarbeiter zu vertrauen. Viele Führungskräfte sind einem Rationalitätsmythos verhaftet und daher der Überzeugung, sie könnten Wandel und Veränderung im Allgemeinen und Kulturwandel im Speziellen beherrschen und managen.

 Genauso wie eine Unternehmenskultur lässt sich auch ein Kulturwandel nicht verordnen oder gar befehlen.

Wer dies versucht, wird mit seinen Veränderungsprozessen immer an der Oberfläche bleiben, nie die Herzen der Menschen erreichen und letztendlich scheitern. Denn als Wesen mit Herz und Verstand, mit Ratio und Emotio, wollen sich Mitarbeiter nicht nur auf der rational-vernünftigen Ebene argumentativ von der Notwendigkeit eines Kulturwandels überzeugen lassen. Nein – viel wichtiger ist es, sie (auch) auf der emotionalen Ebene abzuholen und sie auf der Gefühlsebene vom Kulturwandel zu überzeugen. Klug ist es daher, wenn die Führungskraft bei ihren Überzeugungsprozessen die Sinnfrage thematisiert und sich selbst als Mensch einbringt, der gleichfalls mit Zweifeln und Ängsten zu kämpfen hat. Was wirkt glaubwürdiger und überzeugender als ein Chef, der im Gespräch mit seinen Mitarbeitern eingesteht, auch er sei mit Vorbehalten, Ängsten, Befürchtungen und inneren Widerständen konfrontiert worden, und dann beschreibt, dass und wie er sie überwunden hat.

Als Führungspersönlichkeit begleiten Sie Abläufe und Prozesse, Sie entscheiden und weisen auch einmal an. Sie unterstützen und fördern Mitarbeiter bei der Kompetenzentwicklung und Potenzialentfaltung. Beim Kulturwandel jedoch besteht Ihre Hauptaufgabe in der Inspiration. Der Fokus Ihrer Führungsarbeit liegt darauf, den Mitarbeiter zu eigenen Einsichten gelangen zu lassen. Führungspersönlichkeiten, die sich ihrer Vorbildwirkung bewusst sind, leben vor, wie der Mitarbeiter mit dem Neuen umgehen könnte, und setzen darauf, ihn durch ihr Handeln zur Nachahmung zu bewegen. Es versteht sich von selbst, dass dabei eine offene Kommunikation auf Augenhöhe, der vielfältige Austausch und der persönliche Kontakt im direkten Gespräch unerlässlich sind.

Hilfestellung bietet in diesem Kontext der Begriff des bedürfnisorientierten Führens, den Sie im fünften Kapitel kennengelernt haben. Ein werteorientiertes evolutionäres Unternehmen fragt sich, ob und inwiefern bei einem Kulturwandel die Bedürfnisse der Mitarbeiter Berücksichtigung finden, und zwar bezogen auf alle Bewusstseinsebenen. Konkretes Beispiel: Bei einem Kulturwandel geht es auch um die Überprüfung der Werte, die für ein Unternehmen relevant sind. Oft werden die bestehenden (bisherigen) Werte erweitert und überarbeitet. Bedürfnisorientierte Führung fragt, ob diese Werte von den Mitarbeitern mitgetragen und gelebt werden können, also ihre Bedürfnisse widerspiegeln. Kulturwandel scheitert, wenn Werte oktroyiert werden und den Mitarbeitern als den eigentlich Betroffenen und Beteiligten nichts bedeuten. Das darf nicht geschehen!

Voraussetzung 3: Alle Führungskräfte und Mitarbeiter teilhaben lassen

Sie kennen das vielleicht: Irgendwo auf der obersten Managementetage wird ein neuer Wertekatalog entwickelt und manifestiert. Bestenfalls wird eine Agentur engagiert, die die Leitlinien, unter denen der Kulturwandel ablaufen soll, in der Diskussion mit der Geschäftsleitung oder einigen ausgewählten Führungskräften bestimmt. Dann werden der Wertekatalog und die Prinzipien des Kulturwandels »von oben herab« verkündet. Es ist kontraproduktiv, die neuen Werte auf Geschäftsleitungsebene zu formulieren und sie den Mitarbeitern anschließend im Rahmen einer Führungsklausur einfach nur vorzustellen. Bei den Beschäftigten kommt dies unter dem Leitmotiv »Friss oder stirb!« an. Wenn man ein paar Wochen danach einen Mitarbeiter auf der operativen Ebene auf die »tollen neuen Werte« anspricht, blickt man bestenfalls in erstaunte und fragende Gesichter. Anscheinend ist vom Kulturwandel »unten« nichts angekommen. Mit den Wörtern »Unternehmenskultur« und »Kulturwandel« ist nur Zuckerguss über längst überholte und marode Strukturen gegossen worden, ohne dass es zu wirklichen und substanziellen Veränderungen gekommen wäre.

Im vierten Kapitel habe ich bereits angedeutet, dass Werte erst dann eine identitätsstiftende und handlungsanleitende Wirkung entfalten können, wenn sie von allen verstanden und gelebt werden. Noch besser ist es, wenn der Kulturwandel und die neuen Werte durch die Beteiligung *aller* Führungskräfte und Mitarbeiter legitimiert sind. Die Begründung, die Beteiligung aller Menschen sei vor allem in größeren Unternehmen aufgrund der großen Anzahl an Mitarbeitern nicht möglich, gilt nicht. Mit Großgruppenmethoden wie dem Open Space und dem World Café gibt es – zusammen mit modernen Kommunikationstechnologien wie der Videokonferenz – genügend Optionen, auch große Gruppen an der strategischen Arbeit und der Erstellung etwa eines Wertekatalogs und unternehmerischer Prinzipien teilhaben zu lassen. Spezialisten und Berater unterstützen auch große Unternehmen dabei, die Mitarbeiter an strategischen Entscheidungen und der kreativen Ideenfindung zu beteiligen. Allerdings: Wenn es am Willen und der Bereitschaft fehlt, alle Betroffenen zu Beteiligten zu machen, hat ein Unternehmen ein Problem.

 Der dezidierte Wille zur Partizipation aller Menschen ist die Grundvoraussetzung für einen Kulturwandel, der zumindest von einem Großteil der Mitarbeiter mitgetragen wird.

Je mehr sich die Mitarbeiter einbringen und aktiv beteiligen können und je größer ihre Möglichkeiten, etwas selbst zu schaffen und eigene Ideen vorzustellen, die auch geprüft werden und nicht im Nirvana der Anonymität versickern, desto größer sind die Identifikation und die Zufriedenheit, die sie dabei empfinden. Es ist ein menschliches Grundbedürfnis, sich zugehörig zu fühlen. Darum: Direkte Teilhabe, transparenter Dialog, konstruktiver Austausch der Argumente, offene Begegnungsmöglichkeiten, ehrliche Diskussion – nutzen Sie jede Möglichkeit, die Mitarbeiter ins Boot zu holen. Offene Informations- und Kommunikationswege sind die Voraussetzung. Natürlich müssen Sie grundsätzlich dazu bereit sein, den Mitarbeitern zu vertrauen und ihnen zuzutrauen, sich substanziell und konstruktiv in den Diskussionsprozess um den Kulturwandel einzubringen.

Erfahrungsgemäß bieten Großgruppenveranstaltungen den Vorteil, den Menschen die Hintergründe des Kulturwandels zu erläutern, sie über Sinn und Zweck zu informieren und sie ihre eigenen Ideen und Vorstellungen einbringen zu lassen. Mein Vorschlag: Nutzen Sie die Vorteile der kollektiven Teamintelligenz, der Schwarmintelligenz, um mithilfe der Beteiligung möglichst vieler Menschen zu vielleicht ganz neuen Lösungsmöglichkeiten zu gelangen. Die angesprochenen Widerstände und Ängste jedoch, die auftreten können, sollten zwar mit auf die Agenda, aber eher im Dialog in der kleinen Gruppe oder gar in Vieraugengesprächen ausgeräumt werden.

Nicht zu vernachlässigen ist der motivatorische Effekt der Partizipation aller Führungskräfte und Mitarbeiter. Denn die Menschen erleben so hautnah, dass dem Management an ihrem kreativen Input gelegen ist. Die Geschäftsleitung eröffnet den Menschen einen Raum der Teilhabe, in dem sie aktiv etwas zur Unternehmensentwicklung und zur Ausgestaltung des Kulturwandels beisteuern können. Und wenn der Wandel von Rückschlägen begleitet wird und es Stolpersteine und Reibungen gibt, werden es sich die Mitarbeiter nicht nehmen lassen, sich mit voller Kraft für die Überwindung der Hindernisse einzusetzen. Immerhin waren sie durch ihre Beteiligung mitverantwortlich für die Umsetzung, und das führt zur Identifikation mit dem Projekt »Kulturwandel« selbst in schwierigen Zeiten. Oder gerade dann.

Voraussetzung 4: Akzeptieren, dass alle Unternehmen eine Entwicklung durchlaufen

Eine evolutionäre Entwicklung ist nur auf der Basis einer gesicherten Standortbestimmung möglich. Ähnlich wie Menschen durchlaufen Organisationen und Unternehmen Lebensphasen und Lebenszyklen und bilden im Rahmen dieses Entwicklungs- und Reifeprozesses nach und nach eine Identität aus. Das heißt: Ein Unternehmen darf nicht als Maschine begriffen, sondern sollte als lebendiger Organismus verstanden werden, der sich ständig weiterentwickelt.

Jede der Lebensphasen hat ihre jeweils eigenen Herausforderungen, birgt Chancen und Risiken, hat Stärken und Schwächen, ermöglicht Entwicklungen und Fortschritt, kann aber auch problembehaftet sein und zu Krisen führen. Ein Beispiel dafür ist das Lebenszyklus-Modell von Friedrich Glasl und Bernard Lievegoed (Glasl, Lievegeod 2011). Zu Beginn der Unternehmensentwicklung steht demnach eine *Pionierphase* voller Inspiration, Flexibilität und Spontaneität, in der sich eine Organisation oft um eine prägende, charismatische Leitfigur herum aufbaut – so gut wie immer ist dies der Gründer. Das Unternehmen tritt in dieser Phase als verschworene Gemeinschaft, als »Familie« auf. Allerdings laufen Unternehmen, die sich in dieser Phase befinden, Gefahr, sich mit Chaos und Undurchschaubarkeit auseinandersetzen zu müssen.

Den Sturm-und-Drang-Jahren folgt eine *Differenzierungsphase*, in der die Beantwortung der Frage im Mittelpunkt steht, wie sich das Wachstum und der zunehmende Komplexitätsgrad durch den Aufbau planbarer und steuerbarer Strukturen bewältigen lassen. Das geplante, standardisierte und rationale Agieren steht im Vordergrund, allerdings geraten dabei zuweilen die menschlichen Beziehungen in den Hintergrund. Das Management ist primär mit der Bewältigung des Wachstums beschäftigt und vernachlässigt dabei zuweilen die menschlichen Bedürfnisse der Beschäftigten. Das Problem: Mitarbeiter werden primär als Funktionsträger gesehen, weniger als Individuen. Dadurch droht der Zusammenhalt verloren zu gehen.

Im Lebenszyklusmodell von Glasl und Lievegoed folgt der Differenzierungsphase eine *Integrationsphase*, in der verstärkt darauf geachtet wird, dass die Menschen in ihrer Tätigkeit einen Sinn erkennen können. Das Unternehmen gleicht jetzt wieder mehr einem flexiblen und lebenden Organismus, der sich von innen heraus verändert. Die Starrheit der Differenzierungsphase ist abgelegt. Es entstehen kleine Einheiten, die selbstorganisierend arbeiten. Der menschliche Zusammenhalt nimmt wieder zu, was aber auch eine allzu enge Konzentration auf den eigenen Bauchnabel nach sich ziehen kann.

Die Integrationsphase geht schließlich in die *Assoziationsphase* über, in der das Unternehmen verstärkt über den unternehmerischen Tellerrand hinausblickt und sich mit der Umwelt vernetzt und zu einer Art Biotop wird. Das Unternehmen ähnelt jetzt sehr einer Organisation, die sich nach Barrett auf der sechsten oder siebten Bewusstseinsebene befindet.

Natürlich durchläuft nicht jedes Unternehmen diese Entwicklungsphasen, die geschilderten Prozesse sind nicht unumstößlich festgelegt. Es handelt sich um keinen Automatismus. Das Entscheidende bei Lebenszyklusmodellen wie dem von Glasl und Lievegoed ist, dass Unternehmen Entwicklungsprozesse durchlaufen und sich in jeder Phase mit spezifischen Herausforderungen konfrontiert sehen, die sie als lernende Organisationen bewältigen. In einem evolutionären Unternehmen sind die Geschäftsleitung und die Führungskräfte in der Lage, die Haltung jener achten Bewusstseinsebene einzunehmen. Sie prüfen ständig, auf welcher Entwicklungsstufe sie sich befinden, um auf dieser Basis die nächsten Entwicklungsschritte festzulegen.

Die Verantwortungsträger definieren die Lebensphasen und Lebenszyklen bewusst als notwendige Entwicklungsschritte, die es kritisch und selbstkritisch zu begleiten gilt – ganz im Sinne jener Bewusstseinsebene, deren Fundament der ständige Selbstreflexionsprozess ist.

Voraussetzung 5: Den Willen und die Kompetenz zur Anpassung zeigen

Es liegt im Wesen evolutionärer Prozesse, dass Anpassungen notwendig sind. Es geht mir dabei weniger um das Überleben des Besten und Stärksten, also nicht um Verdrängung und ein Besiegen nach dem Leitmotiv des »Survival of the Fittest«. Zentral ist wiederum der angesprochene Gedanke der Standortbestimmung, mithin die Frage, wo das Unternehmen steht, auch in welcher Phase der Unternehmensentwicklung es sich befindet. Das Einstellen auf veränderte Rahmenbedingungen ist vor allem mithilfe von Anpassungs- und Veränderungsprozessen über Selbstreflexion möglich. Die Anpassungen können sich in kleinen und überschaubaren Schritten ereignen, aber zuweilen auch mit einem Musterbruch, Quantensprung oder Paradigmenwechsel einhergehen. Es kommt ganz darauf an! Manche Entwicklungen lassen sich nicht erzwingen – ein Baby lernt nicht schneller krabbeln, wenn man es schubst, und manche krabbeln gar nicht, sondern stehen sofort und laufen los, sie überspringen also Entwicklungen, und wiederum andere lernen erst spät(er) laufen, können aber schon früh sprechen. Ähnlich individuell entwickeln sich auch Unternehmen.

Wichtig ist, immer am Vorhandenen anzuknüpfen, mithin an dem, was gelungen ist und was funktioniert.

Eine evolutionäre Entwicklung bedeutet kein blindes Festhalten um jeden Preis, sondern das kluge und besonnene Überprüfen des Vorhandenen und die sen-

sible Entscheidung, wovon sich das Unternehmen trennen und verabschieden sollte oder muss – und wovon nicht.

Die für den Kulturwandel notwendige evolutionäre Kraft steht meiner Beobachtung und Erfahrung nach in einem Zusammenhang mit der Fähigkeit, mit strategischem Weitblick, Weitsicht, Klugheit und Besonnenheit die Entscheidung zu treffen, was fortgeführt werden soll und was nicht. Zielführend ist es, sich dabei nicht allein auf das Bauchgefühl zu verlassen, sondern auch auf die Ergebnisse einer umfassenden internen und externen Unternehmenskulturanalyse, die dabei hilft, das Unternehmen zu einer nachhaltigen leistungsstarken Organisation zu entwickeln.

Das heißt: Der Kulturwandel sollte auf einer gesicherten Basis erfolgen, die verschiedene Perspektiven berücksichtigt und Stellhebel zur strategischen Veränderung aufzeigt. Wenn zum Beispiel die Entscheidung ansteht, in welchen Bereichen Anpassungen zielführend sind, sollte diese durch verschiedene Methoden systematisch untermauert und entwickelt werden, zum Beispiel mithilfe narrativer Interviews, organisationaler Surveys, einer Umwelt- oder Branchenanalyse sowie einer Konkurrenzbeobachtung. Ziel ist es, durch die wichtigen und richtigen Fragen Einblick in die Organisation zu gewinnen und sich einen Überblick zu verschaffen.

Unternehmen, die im Rahmen der evolutionären Entwicklung Transformations-, Anpassungs- und Veränderungsprozesse bewusst steuern wollen, sollten dabei den Ist-Zustand ihrer Entwicklung analysieren und berücksichtigen. Nur wer weiß, wo er steht, kann beurteilen und entscheiden, in welche Richtung der nächste Schritt gehen soll und welche Veränderungen auf welchen Ebenen der Organisation geplant werden sollen. Klar ist: All dies braucht Zeit, und von Schnellschüssen und unüberlegten Entscheidungen ist angesichts eines evolutionären Zeithorizonts grundsätzlich abzuraten.

Voraussetzung 6: Alte und neue Werte kombinieren und Werteorientierung auf allen Ebenen verankern

Kulturwandel geht meistens einher mit einer neuen Werteordnung. Und das ist aus meiner Sicht gut und richtig so. Wie gesagt: An der Erstellung des neuen Wertekatalogs sollten alle Mitarbeiter und Führungskräfte mitarbeiten können. Ebenso wichtig ist es, nicht einfach die alten Werte gegen neue auszutauschen. Sie sollten einerseits in Ruhe prüfen, welche Werte sich überlebt haben. Andererseits wird es solche geben, die es wert sind, weitergelebt zu werden. Ich erlebe es bei Fusionen oder wenn ein neuer Chef oder eine neue Führungsriege das Ruder übernimmt, immer wieder: Es herrscht die Tendenz vor, die alten Strukturen, aber auch die bisherigen Werte und Prinzipien der Zusammenarbeit über Bord zu werfen. »Es muss unbedingt etwas Neues her«, heißt es dann oft. Die Frage nach dem Bewahrenswerten wird dabei gar nicht mehr gestellt. Selten aber ist alles, was in der Vergangenheit geschehen ist, schlecht, unsinnig und unbrauchbar. Hinzu kommt: Wer sich vom Althergebrachten kommentarlos verabschiedet, sendet fatale Signale an die Mitarbeiter aus. Denn diese müssen den Eindruck gewinnen, das bisher Geleistete sei wenig wert gewesen. Sie nehmen diese Signale vor allem als eine Herabwürdigung ihrer bisherigen Arbeit wahr. Vonseiten der Mitarbeiter sind dann oft Aussagen zu hören wie: »Jetzt wird schon wieder eine neue Sau durchs Dorf getrieben.« – Sie glauben, es werde nun lediglich die Aufmerksamkeit auf etwas gelenkt, was morgen schon wieder vergessen ist.

 Zielführend ist es, unter Einbezug des als bewahrenswert Eingestuften einen Wertekatalog zu erstellen und dafür zu sorgen, dass sich die Werte in allen Prozessen, Abläufen und Aktivitäten spiegeln.

Dies ist durch die folgenden Schritte möglich:

✳ *Schritt 1:* Alle Mitarbeiter und Führungskräfte formulieren gemeinsam ein Set an Werten. Dabei wird die Frage diskutiert, wie sich eine Brücke bauen lässt zwischen den bewahrenswerten alten Werten und den neuen.

❊ *Schritt 2:* Aus dem Werte-Set wird eine Vision abgeleitet, in der die grundsätzliche Entwicklung beschrieben wird, die das Unternehmen in den nächsten Jahren nehmen soll. Entscheidend ist, dass sich in der Vision der Sinn und fundamentale Zweck des Unternehmens spiegeln; in ihr wird das Warum und Wozu der Unternehmensexistenz auf den Punkt gebracht.

❊ *Schritt 3:* Die Vision wiederum wird in einer Kernbotschaft verdichtet, die sowohl nach innen als auch nach außen (in Richtung der Kunden, der Außenwelt, der Stakeholder) kommuniziert, welchen Daseinszweck das Unternehmen erfüllen will.

❊ *Schritt 4:* Aus Vision und Kernbotschaft lassen sich die unternehmerischen Prinzipien, Leitsätze und Ziele deduzieren. Ich denke dabei nicht nur an die Unternehmensziele, sondern auch an die Bereichsziele, Abteilungsziele, Teamziele und vor allem die Mitarbeiterziele.

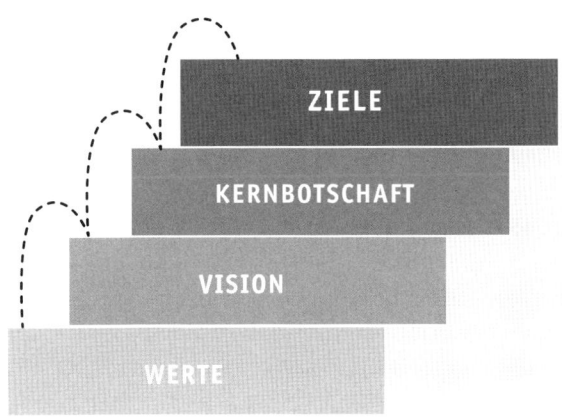

Wertekatalog erstellen

Geschieht dies, kann Kulturwandel gelingen. Entscheidend ist, dass sich die Werte und die Vision, die sich ein Unternehmen auf die Fahnen geschrieben hat, in jeder Aktion der Firma widerspiegeln. Ein

Beispiel: Im ersten Kapitel sind Sie dem Outdoor-Ausrüster VAUDE begegnet. Sie erinnern sich: Für VAUDE ist der Wert der Nachhaltigkeit von besonderer Relevanz, die Geschäftsführerin Antje von Dewitz verfolgt die Vision, als »nachhaltigster Outdoor-Ausrüster Europas einen Beitrag zu einer lebenswerten Welt zu leisten, damit auch die Menschen von morgen die Natur mit gutem Gewissen genießen können«. Die Kernbotschaft des Unternehmens transportiert ebenfalls den zentralen Wert der Nachhaltigkeit, der auch bestimmend ist für die Ziele, die mit den Mitarbeitern vereinbart werden. Diese Ziele sind gleichfalls dem Nachhaltigkeitsaspekt verpflichtet. Das heißt: Der gesamte Produktlebenszyklus orientiert sich am Leitbild der »Nachhaltigkeit« – von den Materialien über die Produktion zu fairen Bedingungen und umweltfreundlichen Transport bis hin zu Wiederverwertung und Recycling.

Lassen Sie es mich so ausdrücken: Wenn es einem Unternehmen gelingt, die bestimmenden Unternehmenswerte und die Vision auf alle Maßnahmen und Aktivitäten aller Mitarbeiter herunterzubrechen und in den Mitarbeiterzielen zu verankern, durchweht das gesamte Unternehmen der Atem der (zum Beispiel) Nachhaltigkeit. Auf den Punkt gebracht: Selbst, wenn ein Mitarbeiter »nur« neues Büromaterial bestellt, fragt er sich: »Was muss ich unter dem Aspekt der Nachhaltigkeit dabei beachten?« Die Vision des Unternehmens findet sich quasi auf den Schreibtischen der Mitarbeiter und in den Produktions- und Lagerhallen wieder. Ob Geschäftsführer oder Gabelstaplerfahrer: Alle fühlen sich dem gemeinsamen Projekt des Kulturwandels und der Etablierung des Wertekatalogs verpflichtet und arbeiten zusammen daran, dies zu verwirklichen.

Voraussetzung 7: Praktische Konsequenzen ziehen

Gelungener Kulturwandel impliziert immer, dass er praktische Konsequenzen nach sich zieht. Ein Beispiel: Wenn sich eine Firma von einem patriarchalisch strukturierten Unternehmen zu einer Organisation mit flacheren Hierarchien und mehr Selbstbeteiligung und Selbstverantwortung der Teams und Mitarbeiter entwickeln will, müssen neue kommunikative Regeln für den Umgang miteinander definiert werden. Es ist unerlässlich, die Ausgestaltung von Entscheidungswegen zu überprüfen, die Unternehmensstrukturen anzupassen, die Organisationsstrukturen zu aktualisieren und vieles mehr. Und wenn im Zentrum des Kulturwandels ein neuer Wert wie der der Nachhaltigkeit steht, müssen alle Abläufe und Prozesse unter die Analyselupe der Nachhaltigkeit gelegt werden, um herauszufinden, welche Veränderungen durchzuführen sind, damit dieser Wert an allen Stellen des Unternehmens gelebt werden kann.

Werden im Kontext des Kulturwandels die organisatorischen Strukturen und die Bedürfnisse der Menschen vernachlässigt, erleben Mitarbeiter den Wandel als fremdgesteuert und verordnet. Niemand weiß so recht, welche Konsequenzen der Kulturwandel für die Unternehmensstrukturen hat, wie die Abstimmung zwischen den Abteilungen, Teams und Menschen ablaufen soll, wer was wann und warum entscheiden darf, entscheiden muss und entscheiden kann. Diese chaotische Situation regt kaum zur aktiven Teilhabe und Unterstützung an, sondern sorgt eher für Verunsicherung, Orientierungsverlust, Verwirrung und im schlimmsten Fall für Verweigerung. Menschen, die nicht wissen und einschätzen können, wie es weitergeht und welche konkreten Veränderungen auf sie zukommen, reagieren oft mit Rückzug, innerer Kündigung, Krankheit und Flucht.

So werden die Mitarbeiter nur zu scheinbaren Mitspielern im Wandel. In Wirklichkeit befinden sie sich im konstanten Widerstand, weil sich die Spielregeln des Systems nicht ändern, was sie auf Dauer frustriert und in eine resignative Arbeitshaltung hineindrängt. Eines der konkreten Probleme: Laut neuer Unternehmenskultur müssten die Mitarbeiter »eigentlich« stärker an Entscheidungsprozessen partizipieren dürfen, so ihre Erwartung: »Wir haben damit gerechnet, dass unsere Einwände, Ideen und Verbesserungsvorschläge eher gehört und mehr beachtet werden als in der Vergangenheit!« In der Alltagswirklichkeit jedoch ist es so wie früher und wie immer: Die Führungskraft hört sich die Anmerkungen der Mitarbeiter pro forma an – und entscheidet im stillen Kämmerlein auf eigene Verantwortung.

 Damit kulturelle Veränderungen gelingen, ist es notwendig, aus dem beschlossenen neuen Wertekatalog die entsprechenden Konsequenzen für alle Unternehmensbereiche zu ziehen.

Kulturwandel scheitert so oft, weil eine oder gleich mehrere der genannten Voraussetzungen zu wenig Beachtung finden. Es fehlt der Rückhalt der Unternehmensspitze, die Führungskräfte gehen nicht entschlossen voran, ein Großteil der Mitarbeiter schaut betroffen zu, ohne beteiligt zu werden, die Entwicklung des Unternehmens wird nicht berücksichtigt, die Werteorientierung bleibt Stückwerk und Makulatur. Haben Sie sich schon einmal gefragt, wie es in Ihrem Verantwortungsbereich um jene Voraussetzungen steht?

Evolutionärer Kulturwandel: Das Wichtigste im Überblick

Kulturwandel gelingt nur mit den Menschen, und zwar wenn:

※ das Management den Kulturwandel zu 100 Prozent will und unterstützt, weil die strategische Ausrichtung dies notwendig macht,

※ die Führungskräfte als Vorbilder agieren,

※ alle Führungskräfte und Mitarbeiter beteiligt werden,

※ der Entwicklungsstand des Unternehmens Berücksichtigung findet,

※ permanent die erforderlichen Anpassungsprozesse vorgenommen werden,

※ eine Brücke geschlagen wird zwischen den bewahrenswerten alten und den neuen Werten und

※ die notwendigen Anpassungen auch im organisatorischen Bereich durchgeführt, aus dem Kulturwandel also praktische Konsequenzen gezogen werden.

»Wer die Spur nicht wechselt, hat keine Chance zu überholen.«
SPRICHWORT

Kapitel 7

Mit evolutionären Prinzipien Zukunftsfähigkeit sichern

Ihr Check für die schnelle Übersicht	
Was dieses Kapitel bietet	Sie lernen Prinzipien kennen, mit denen die evolutionäre Entwicklung Ihres Unternehmens gelingt.
Fortschritte, die Sie erzielen können	Sie prüfen, inwiefern die evolutionären Prinzipien bei Ihnen gelebt werden. Die Fragen, die im Kontext der Prinzipien gestellt werden, helfen Ihnen, in Ihrem Verantwortungsbereich zu einer Weiterentwicklung zu gelangen.

Das evolutionäre Prinzip des lebenslangen Lernens

Aus dem Bereich der Aus- und Weiterbildung kennen wir den Begriff des lebenslangen Lernens. Menschen sollen sich ständig weiterentwickeln und permanent weiterlernen können. Ein Ausruhen auf dem einmal Erreichten gibt es nicht. Ähnliches gilt für Unternehmen: Wenn es Ihr Ziel ist, dass Ihr Unternehmen sich zu einem evolutionären Unternehmen entwickelt, sollten Sie dafür sorgen, dass es sich zu einem Gebilde entfaltet, dessen Bereiche, Abteilungen und Teams unablässig weiterlernen wollen und können. Letztendlich bedeutet dies, den Menschen alle Möglichkeiten zu eröffnen, sich fortwährend, regelmäßig und kontinuierlich weiterzubilden und Lernprozesse zu durchlaufen. Im evolutionären Unternehmen gehören Ausbildung, Fortbildung und Weiterbildung zu den existenziellen Rechten, aber auch Pflichten, die den Menschen eingeräumt beziehungsweise abverlangt werden. Mit anderen Worten: Man erwartet von ihnen den Willen und die Bereitschaft zum lebenslangen Lernen. Zugleich jedoch werden alle notwendigen Maßnahmen ergriffen und verwirklicht, um ihnen eben jenes lebenslange Lernen zu ermöglichen. Die konkrete Ausgestaltung der Weiterbildung wird darum nicht »von oben«, etwa von der Personalabteilung und den Führungskräften, vorgegeben. Die Betroffenen sollten die Möglichkeit nutzen, ihre Vorstellungen und Ideen einzubringen. Dabei gilt:

 Das evolutionäre Prinzip des lebenslangen Lernens betrifft stets den ganzen Menschen, es geht nicht allein um die Fachkompetenz, sondern auch um die methodischen, sozialen, emotionalen und kommunikativen Kompetenzen und um Persönlichkeitsentfaltung und Persönlichkeitsentwicklung.

Die Kernfragen, die Sie im Zusammenhang mit dem evolutionären Prinzip des lebenslangen Lernens stellen und beantworten sollten, lauten:

❊ Was können Sie praktisch tun, damit sich die Führungskräfte und Mitarbeiter jeden Tag in ihren jeweiligen Bereichen so weiterbilden und weiterentwickeln, dass sie ihren Aufgaben immer besser gerecht werden?
❊ Welche konkreten Maßnahmen müssen dazu umgesetzt werden?

Wenn Führungskräfte und Mitarbeiter in einem Unternehmen evolutionär denken und handeln und bereit sind zur ständigen flexiblen

Anpassung an sich ändernde Rahmenbedingungen, entwickelt sich das Unternehmen zu einem lebendigen Organismus, der einem ihm innewohnenden Ziel entgegenstrebt. Es ist, als ob die Organisation, als ob das Unternehmen die Richtung, wohin es sich entwickeln soll, selbst am besten kennt und bereits in sich trägt. Es nähert sich seiner wahren Bestimmung, seinem eigentlichen Zweck immer mehr an.

Das evolutionäre Prinzip des Ausprobierens

Aus Fehlern lernen, eine konstruktive Lernkultur etablieren, den Menschen die Gelegenheit geben, etwas auszuprobieren, etwas zu versuchen, selbst wenn der Erfolg nicht zu 100 Prozent gesichert ist, »es« also auch scheitern kann – das ist mit dem evolutionären Prinzip des Ausprobierens gemeint, das mit dem Prinzip des lebenslangen Lernens in einem unmittelbaren Zusammenhang steht.

Übrigens: Dass die evolutionären Prinzipien in einem Kontext stehen, werden wir in diesem Kapitel noch des Öfteren feststellen. Der Grund: In einem evolutionären Unternehmen – die folgende Abbildung verdeutlicht dies – wirken die evolutionären Prinzipien wie in einem dreidimensionalen Netzwerk zusammen und beeinflussen sich gegenseitig. Damit ein Unternehmen erfolgreich ist und bleibt, müssen die Entscheider alle evolutionären Prinzipien im Fokus haben.

Zurück zum evolutionären Prinzip des Ausprobierens, für das eine intelligente Fehlerkultur, oder besser: Lernkultur, Voraussetzung ist. Bereits in Kapitel 3 hieß es, eine Lernkultur zeichne sich dadurch aus, dass im Unternehmen Fehler vor allem als Anstöße zu intensiven Lernprozessen und zur Verbesserung interpretiert werden. So bildet sich nach und nach im Prozess des Learning by doing ein Weg heraus, der zu einer sinnvollen Anpassung und letztendlich zu einer Verbesserung führt. Dieser Weg kann auch einmal über Seitenpfade führen, also Umwege nehmen, weil erst eruiert werden muss, welche Ursachen zu einem Fehler geführt haben.

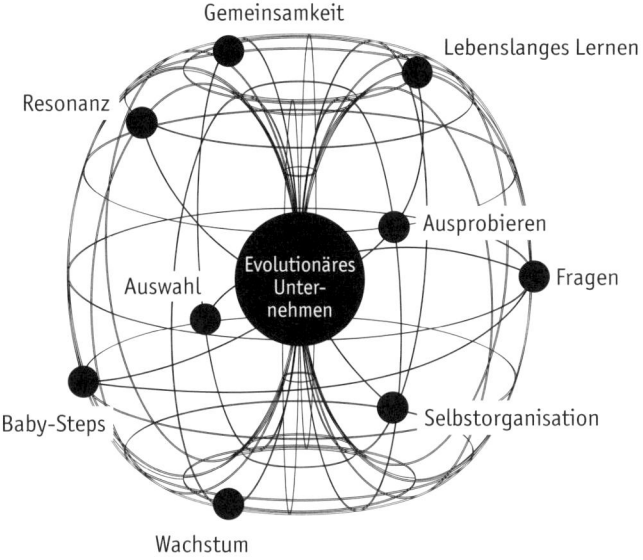

Das evolutionäre Unternehmen und seine Prinzipien

 Wichtig ist, dass ein Fehler oder ein Scheitern nicht ein resignatives Aufgeben nach sich zieht, sondern als Anstoß und Motivation genommen wird, es noch einmal aufs Neue zu versuchen.

Dies gelingt in einer Atmosphäre der gegenseitigen Wertschätzung und der Empathie, in der die Führungskräfte ihren Mitarbeitern vertrauen und ihnen zutrauen, eigenständig und selbstverantwortlich zu entscheiden und zu arbeiten, besser als in einem Klima, in dem Führungskräfte durch Verordnungen und Direktiven führen. Darum stehen in einem evolutionären Unternehmen die Menschen im Mittelpunkt (siehe dazu ausführlich Kapitel 8), die aufgrund des Vertrauens, das ihnen durch wertschätzende Führungspersönlichkeiten entgegengebracht wird, den Mut, die Kraft und die Entschlossenheit finden, bei Fehlern wieder aufzustehen und weiterzumachen. Die positive Unterstützung, die ihnen zuteilwird, lässt bei ihnen die Lust wachsen, sich komplexen Herausforderungen zu stellen und eine Trial-and-Error-Philosophie zu realisieren. Wenn im gesamten Unternehmen eine Lernkultur gelebt wird, bei der es durch den Grundsatz »Versuch und Irrtum« möglich ist, so lange verschiedene Problemlösungsalternativen auszuprobieren, bis die gewünschte Lösung gefunden wird, entsteht eine kreative Atmosphäre, bei der selbst drastische Fehlschläge in Kauf genommen werden. Denn auch eklatante Fehlschläge sind letztendlich vor allem Ausgangspunkte für neue Versuche, die doch noch zur gewünschten Anpassung und Veränderung führen.

Darum beschäftigen Sie sich bitte mit diesen Fragen:

- ✳ Können Sie es akzeptieren, dass Fehler zum Lern- und Entwicklungsprozess dazugehören?
- ✳ Was ist zu tun, damit Sie diese Einstellung aufbauen und zur Grundlage des Agierens in Ihrem Verantwortungsbereich machen können?

Das evolutionäre Prinzip der Auswahl

In Charles Darwins Evolutionstheorie spielt der Begriff der Selektion eine wichtige Rolle. Mit dem Begriff ist gemeint, dass die besten Versuche auch die besten Chancen haben müssen, erfolgreich zu sein. Ich möchte in diesem Kontext vom evolutionären Prinzip der Auswahl sprechen. Gerade in kreativen und innovativen Prozessen kommt es zum Beispiel bei der Problemlösung häufig dazu, dass mehrere gleichberechtigte Lösungsvorschläge oder Entscheidungsoptionen auf dem Tisch liegen. Entscheidend ist, in einer sachlich geführten Diskussion und im konstruktiven Dialog die Argumente dergestalt auszutauschen, dass das beste Argument gewinnt – oder die besten Argumente –, mithin die richtige Auswahl oder Entscheidung getroffen wird.

Das bedeutet, dass die Diskussion nicht ewig andauern darf und eine Entscheidung nach Abwägung aller Argumente getroffen werden muss. Mithilfe des abwägenden Dialogs wächst die Wahrscheinlichkeit, dass tatsächlich das beste Argument dominiert und sich die Entscheidungsträger für die beste Lösung entscheiden. Klar ist aber auch: Es handelt sich letztendlich um eine Entscheidung, die von Menschen getroffen wird und zu verantworten ist, und darum kann es keine hundertprozentige Erfolgsgarantie geben.

 Zentral ist das ehrliche und wahrhaftige Ringen im evolutionären Unternehmen, die bestmögliche Entscheidung auszuwählen, und zwar unter Heranziehung aller relevanten ethischen, sozialen, ökologischen und ökonomischen Kriterien.

Evolutionär ausgerichtete Unternehmen richten oft Entscheidungsgremien ein, durch die gewährleistet ist, dass Entscheidungen auf der Grundlage des Austauschs aller wichtigen Argumente getroffen werden. Sie werden nicht zentral oder hierarchisch festgelegt, sondern dezentral. Ziel ist, alle Führungskräfte und Mitarbeiter aktiv zu beteiligen, die von der Entscheidung betroffen sind, und sie in den Prozess einzubinden. Dabei erweist sich häufig: Je größer die Anzahl der beteiligten Menschen, desto größer die Wahrscheinlichkeit, dass eine Entscheidung oder Auswahl vollzogen wird, die für möglichst viele Beteiligte von Vorteil ist.

Die Kernfragen sind also:

✳ Wie lässt sich gewährleisten, dass bei den täglichen Entscheidungsprozessen in Ihrem Verantwortungsbereich die beste Option gewinnt?
✳ Welche Maßnahmen unterstützen Sie dabei?
✳ Welche Strukturen und Organisationsformen brauchen Sie dazu?

Das evolutionäre Prinzip des Fragens

In Kapitel 5 stand die Feststellung im Fokus, dass evolutionäre Unternehmen regelmäßig den Sinn und Zweck ihres Tuns hinterfragen und über die gegenwärtige Situation, neue Wege der Veränderung, erstrebenswerte Ziele sowie notwendige Transformationsprozesse reflektieren. Insbesondere auf der achten Bewusstseinsebene steht die selbstreflexive Beschäftigung mit der grundsätzlichen Frage im Mittelpunkt, wohin sich das Unternehmen entwickeln soll und will. Zur Veranschaulichung hier einige wichtige Fragen, die geeignet sind, den evolutionären Prozess voranzubringen:

- Was passiert hier gerade? Worum geht es? Was ist der Anlass für den evolutionären Wandel und die Anpassung?
- Reden wir noch von dem ursprünglichen Wandel – oder reden wir inzwischen von etwas anderem?
- Warum existiert die Herausforderung? Seit wann besteht sie?
- Was passiert, wenn nichts passiert?
- Welche internen und externen Faktoren erschweren die heutige Situation? Welche begünstigen sie?
- Wie sehen die Rahmenbedingungen für Mensch und Organisation aus?
- Welche Machtverhältnisse behindern den Wandel, welche begünstigen ihn?
- Wer sind die Akteure des Wandels?
- Wer soll den evolutionären Prozess steuern?
- Wer ist bereits involviert – wer nicht?
- Wer will den Wandel nicht? Wer hat Interesse am Erhalt des Status quo? Wie können auch diese Personen für den Wandel und die Anpassung begeistert werden?
- Wer sind die »Pioniere«, die den Wandel vorantreiben wollen?
- Welche Erwartungen haben die Beteiligten?

Das evolutionäre Prinzip der Selbstbefragung meint auch, aber nicht nur, die Kompetenz der Führungspersönlichkeiten und der Mitarbeiter, aktiv zuzuhören, konstruktiv Feedback zu geben und die klassischen Fragetechniken zu beherrschen. Bei diesem Grundsatz geht es um mehr als Techniken, es geht um die Einstellung, die dahintersteht, sich nämlich fragend voranzutasten und mit Neugier und Interesse voranzuschreiten, den Status quo immer wieder zu hinterfragen, wohlwissend, dass der nächste Entwicklungsschritt gegangen werden muss.

 Menschen und Unternehmen, die aufgehört haben, Fragen zu stellen, sind »tot«. Eine Weiterentwicklung ist nicht mehr möglich, weil man sich mit dem Erreichten, dem Vorhandenen zufriedengegeben hat. Wer sich hingegen evolutionär weiterentwickeln will, hört nicht damit auf, immer wieder die nächste Frage zu stellen.

Der quantitative Aspekt des Fragens

Es gibt einen quantitativen und einen qualitativen Aspekt des Fragens. Der quantitative Aspekt hebt darauf ab, dass alle Menschen im Unternehmen die Haltung einnehmen, Weiterentwicklung sei vor allem durch das Stellen der richtigen Fragen möglich. Das setzt eine Führung voraus, die bereit ist, die Fragen aller Mitarbeiter tatsächlich auch zu hören und aufzugreifen.

Evolutionärer Wandel beruht auf der Beteiligung aller Betroffenen. Werden Pläne für den Wandel nur am runden Tisch der Geschäftsleitung ausgedacht, weil die Ängste der Führungsspitze zu groß sind, dass sie ihre Vorstellungen nicht in allen Belangen umsetzen können, wenn sie die Beteiligten mit einbeziehen, dann steigt die Wahrscheinlichkeit des Scheiterns. Denn in diesem Fall müssen die Betroffenen, die man bisher außen vor gelassen hat, zu einem späteren Zeitpunkt mit viel Aufwand nachträglich ins Boot geholt werden – und das gelingt erfahrungsgemäß eher selten. Mitarbeiter, die sich für eine Pseudo-Partizipation missbraucht sehen, sind nicht bereit, dann auch noch konstruktiv an der Entwicklung des Unternehmens mitzuarbeiten. Darum ist es zielführend, die Mitarbeiter zu befähigen, sich mit

Fragen einzubringen, und diese auch entsprechend aufzugreifen, zu diskutieren und im gemeinsamen Diskurs zu beantworten.

Der qualitative Aspekt des Fragens

Der qualitative Aspekt betrifft die Punktgenauigkeit der Fragen. Die Führungsspitze ist gut beraten, durch entsprechende Weiterbildungen die Fragekompetenz der Führungskräfte und Mitarbeiter kontinuierlich zu verbessern. Bei den Führungskräften ist von besonderer Bedeutung, die Fähigkeit des angemessenen Feedbackgebens zu schulen. Das Feedback soll nicht nur eine Rückmeldung zu den bisherigen Leistungen eines Mitarbeiters darstellen, sondern primär Verbesserungsmöglichkeiten für die Zukunft aufzeigen, indem der Feedbackgeber intelligente Fragen stellt.

Intelligente und in die Zukunft gerichtete Fragen zeichnen sich dadurch aus, dass sie zur Reflexion anregen. Sie sind fordernd und inspirieren dazu, über neue interessante Wege und Zukunftsbilder nachzudenken. Und sie tragen dazu bei, die Potenziale und Ressourcen der Mitarbeiter zu heben und zu aktivieren, und zwar mit dem Ziel, konkrete Verbesserungsmöglichkeiten aufzuzeigen, die in der Zukunft genutzt und umgesetzt werden können.

Im Zentrum dieser »Feedforward« genannten Feedbacktechnik steht die Intention, den Feedbacknehmer zu Verhaltensweisen zu animieren, die ihn dabei unterstützen, seine Aufgabenbereiche noch effektiver und effizienter zu erledigen.

Fragen Sie sich also:

- ❊ Wie gelingt es, die Fragekompetenz in Ihrem Unternehmen oder Verantwortungsbereich bei allen Mitarbeitern und Führungskräften zu optimieren?
- ❊ Welche konkreten Maßnahmen sind dazu unerlässlich?

Das evolutionäre Prinzip des Wachstums

In seinem Buch »Die Wachstumsformel« umschreibt Oliver Wegner ein »evolutionäres Grundprinzip« damit, dass natürliches Wachstum immer auf dem Vorhandenen aufbaut. Er unterscheidet mehrere Wachstumsarten und meint mit gesundem Wachstum eines, bei dem innere Parameter – wie zum Beispiel die Mitarbeiterkompetenzen, die Innovationskraft, die Mitarbeiterzufriedenheit, die Bereitschaft zum Lernen und die hohe Ausprägung der Führungskultur und der Teamarbeit – im Einklang stehen mit den äußeren Wachstumsparametern. Unter Letzteren sind Kennzahlen wie Umsatz, Ertrag, Unternehmenswert und die Mitarbeiteranzahl zu verstehen. Gesundes Wachstum ist vor allem ein »Miteinander wachsen«, während krankes Wachstum stets zulasten von jemandem geht, etwa zulasten der Kunden, die sich mit einer unbefriedigenden Qualität zufriedengeben müssen, oder der Mitarbeiter, deren Potenziale verschleudert werden. Mit anderen Worten: Ein Unternehmen kann nur gesund wachsen, wenn die Menschen, die mit ihm zu tun haben – Kunden, Mitarbeiter, Geschäftspartner etc. –, mit ihm wachsen können. Wenn Unternehmen und Menschen jedoch nicht das leisten, was sie aufgrund ihrer Kompetenzen und der Rahmenbedingungen leisten könnten, kann von einem gesunden Wachstum nicht die Rede sein. Es besteht zum Beispiel die Gefahr, dass etwa eine schlechte Führungskultur es nicht zulässt, dass die Mitarbeiter ihre Potenziale vollumfänglich entfalten. Ein krankes Wachstum entsteht auch dann, wenn das Unternehmen zu rasch wächst und die äußeren Kennzahlen zwar stimmen, aber etwa die Innovationskraft und die Mitarbeiterzufriedenheit nicht Schritt halten können. (Vgl. Wegner 2018, insbesondere S. 31–54)

Ein evolutionäres Unternehmen beschäftigt sich auf der achten Bewusstseinsebene – Sie erinnern sich: Hier steht die kritische Selbstbefragung im Fokus, bei der insbesondere Unternehmensleitung und Führungskräfte eine Metaperspektive einnehmen – mit der Frage, in welche Richtung es sich entfalten will. Und natürlich geht es auch um die Kardinalfrage des gesunden Wachstums:

※ Was können und müssen Sie tun, um zu einem gesunden Wachstum zu gelangen, bei dem die inneren und die äußeren Wachstumsparameter miteinander im Einklang sind?

Entscheidend ist, bei allen Veränderungs- und Anpassungsprozessen wirtschaftlich und menschlich zu denken. Bei den Entscheidungen, wie sich Gewinn und Ertrag sowie Marktanteile steigern lassen, darf der Aspekt, wie dies auf eine menschliche Art und Weise geschehen kann, nicht vernachlässigt werden. Die Menschen müssen auf dem Weg mitgenommen werden. Dies gelingt am besten, wenn sie über ein Mitspracherecht verfügen und Entscheidungen in einem gewissen Umfang beeinflussen können, zumindest dann, wenn diese Entscheidungen sie unmittelbar betreffen. Es sollte darum eine nachhaltige und werteorientierte Unternehmenskultur etabliert werden, bei der menschliche Werte Beachtung finden.

Allzu oft sind die Entscheidungsträger in den Unternehmen auf die offensichtlichen Entwicklungen fokussiert. Natürlich ist die Analyse, wie sich der Gewinn entwickelt, deutlich leichter zu bewerkstelligen als die Analyse, ob das Ziel erreicht werden konnte, humanitäre Werte in der Unternehmenskultur zu verankern und im operativen Tagesgeschäft zu verwirklichen. Und es kostet mehr Mühe, den Identifikationsgrad der Mitarbeiter mit dem Unternehmen, den Unternehmenszielen und den Produkten und Dienstleistungen festzustellen, als eine Gewinn-und-Verlust-Rechnung aufzustellen. Das ist auch ein Grund, warum viele Start-ups frühzeitig scheitern. Der engagierte Gründer verfügt zwar über eine tolle Geschäftsidee und wächst rasch im Äußeren, er vernachlässigt jedoch den auch selbstkritischen Blick nach innen. So versäumt er es, aus mehreren Perspektiven auf das Wachstum zu blicken und Wachstumsfallen frühzeitig zu erkennen und ihnen auszuweichen. Die mögliche Folge: Er übersieht zum Beispiel, dass die Führungskultur zu hierarchisch ausgerichtet ist.

Perspektivenreichtum statt eindimensionalen Denkens – diese Maxime gehört zu den Grundlagen evolutionären Wachstums. Denn

Komplexität lässt sich nicht durch Reduktion und Simplifizierung bewältigen. Zentral ist vielmehr die Überlegung, seine Wahlmöglichkeiten nicht einzuschränken, sondern sie – ganz im Gegenteil – im Sinne des Mottos von Heinz von Foerster »Handle stets so, dass die Anzahl der Wahlmöglichkeiten größer wird« (»Ethischer Imperativ«, Wikipedia) auszuweiten. Dazu sind die permanenten Reflexionsschleifen und Rückkopplungen, die auf der achten Bewusstseinsebene verankert sind, und die angesprochene Lernkultur geeignete Mittel.

 Die evolutionären Prinzipien des lebenslangen Lernens, des Ausprobierens und des Wachstums sind verschiedene Aspekte der Ausrichtung eines Unternehmens, das sich von innen heraus entwickeln und dabei seinem wahren Zweck gerecht werden will.

Das evolutionäre Prinzip der Gemeinsamkeit und der Kommunikation auf Augenhöhe

Bei diesem Prinzip kann ich mich kurzfassen, weil seine Quintessenz an anderen Stellen dieses Buches aufgegriffen wird. Im Fokus steht die Überlegung, dass ein Unternehmen nur dann erfolgreich und effektiv agieren kann, wenn die gesamte Belegschaft, wenn alle Mitarbeiter und alle Führungskräfte von einem Identifikation stiftenden sowie Halt und Orientierung gebenden Wir-Gefühl durchdrungen sind. Jeder der Menschen, die sich für das Unternehmen engagieren, ist eine einzigartige Persönlichkeit. Sie haben sich aber unter dem Leitmotiv einer Vision, einer Kernbotschaft, einer gemeinsamen Idee zu einer emotionalen und sozialen Community zusammengeschlossen, die gemeinsame Ziele erreichen will. Sie respektieren sich gegenseitig und begegnen sich darum hierarchieübergreifend auf Augenhöhe und mit Empathie, Respekt, Anstand und Wertschätzung.

Sicherlich – dies gelingt nicht immer, und selbstverständlich kommt es zu Rückschlägen, Konflikten und Problemen. Die gibt es in jeder

Gemeinschaft, und das ist auch gut und richtig so. Denn es gibt das Phänomen, dass in Gruppen, die sich durch ein starkes Wir-Gefühl und ein ausgeprägtes Harmoniebedürfnis auszeichnen, oft schlechtere Entscheidungen getroffen werden, als wenn diese Entscheidungen von einzelnen Gruppenmitgliedern gefällt würden. Der US-amerikanische Psychologe Irving Janis (Janis 1982) hat den Begriff des »Gruppendenkens« in der Psychologie etabliert. Weil sich eine Gruppe nach außen abschottet, sich für unfehlbar hält und eigene Entscheidungen nicht selbstkritisch hinterfragt und weil die Mitglieder allzu sehr aufeinander Rücksicht nehmen und dazu tendieren, sich der Gruppenmeinung anzupassen, kommt es zu Entscheidungen, die schlechte und nicht beabsichtigte Ergebnisse nach sich ziehen.

 Als Wertegemeinschaft, die den kritischen Blick auf sich selbst und den Perspektivenwechsel zum Prinzip erhoben hat, fällt es den Menschen leicht, die harte Auseinandersetzung in der Sache mit dem empathischen und respektvollen Entgegenkommen auf der Beziehungsebene miteinander auszusöhnen.

Indem sich die Menschen als Subjekte sehen und begegnen, gelingt es auch den Führungskräften, die Macht, die ihnen nun einmal zukommt, nicht auszuspielen, sondern selbst im umkämpften Konfliktfall Entscheidungen in Abstimmung mit den Mitarbeitern zu treffen. Entscheidend ist einmal mehr die Haltung, der Welt und den Menschen fragend zu begegnen und mithilfe der Fragekompetenz langfristig gesehen Beteiligung und Zustimmung zu erzielen. So gelingt es der Führungskraft, die Mitarbeiter zu bewegen, sie auf der Entwicklungsreise hin zum evolutionären Unternehmen engagiert zu begleiten.

Das evolutionäre Prinzip der Resonanz

Mit dem Prinzip der Resonanz ist gemeint: Das, was Sie säen, werden Sie ernten. Ihr Verhalten, Ihre Taten, Ihre Handlungen, auch Ihr Denken lösen Resonanz bei anderen Menschen aus. »Wer Anerkennung gibt, darf auf Anerkennung hoffen und kann mit ihr rechnen. Üble Nachrede hingegen führt zu negativen Reaktionen und Empfehlungen, gute Nachrede wiederum zu positiven Reaktionen und Empfehlungen. Wertschätzung erzeugt zunächst aufseiten des Gesprächspartners ebenfalls Wertschätzung.« (Nienkerke-Springer 2018a, S. 109)

Wer mit der Einstellung »Das geht nicht, das kann ja nur schiefgehen, das ist ganz unmöglich« durchs Leben geht, befindet sich auf einer emotionalen Ebene, die einengend wirkt und Erfolg geradezu aktiv verhindert. Wut erzeugt Wut, Aggression erzeugt Aggression, Frust erzeugt Frust, Ablehnung erzeugt Ablehnung. Eine negative Erwartungshaltung produziert negative Einstellungen. Ein Beispiel zur Verdeutlichung: Wenn eine Führungskraft mit negativen Spannungen und Erwartungen in ein Kritik- oder Konfliktgespräch mit einem Mitarbeiter geht, wird der Mitarbeiter wahrscheinlich auf derselben Ebene aggressiv reagieren und den konstruktiven Dialog verweigern.

Zum Glück funktioniert das Prinzip der Resonanz auch umgekehrt: Eine positive Erwartungshaltung führt zu positiven Einstellungen. Wenn die Führungskraft ein lösungsorientiertes Gespräch führen möchte, das auf einen partnerschaftlichen und kooperativen Dialog abzielt, wird auch der Mitarbeiter mit hoher Wahrscheinlichkeit auf dieser Ebene diskutieren. Die Ebene, auf der wir uns kommunikativ bewegen, um erfolgreich zu sein, wirkt auf uns zurück. Indem wir uns auf einer Wellenlänge einschwingen, wird der konstruktive Dialog überhaupt erst möglich. Um es umgangssprachlicher auszudrücken: Wie man in den Wald hineinruft, so schallt es heraus.

In diesem Zusammenhang sei an das Phänomen der Spiegelneuronen erinnert: Sie veranlassen uns, zum Beispiel zu gähnen oder zu lächeln, wenn dies unser Gesprächspartner tut. Der neurophysiologische Hintergrund: Spezielle Nervenzellen in unserem Gehirn reagieren beim Betrachten einer Aktion genau so, als würde der Zuschauer die Aktion selbst ausführen. Die Spiegelneuronen lassen uns Schmerzen empfinden, wenn wir die Schmerzen eines anderen Menschen miterleben. Sie sorgen umgekehrt dafür, dass wir gute Laune haben und lächeln, wenn unser Gesprächspartner diese Gefühle zeigt. Und sie veranlassen uns zuweilen sogar dazu, die Handlungen anderer Menschen nachzuahmen.

Das Sich-Einschwingen auf eine Wellenlänge ist die Voraussetzung für Führungskräfte, Menschen zu finden und an sich zu binden, die sie bei der Erreichung ihrer (unternehmerischen) Ziele unterstützen. Ambitionierte Führungskräfte versuchen, Gleichgesinnte – auch Mitarbeiter – zu binden, indem sie die Richtung und die Ziele klar und eindeutig benennen. Und das bedeutet meistens: Die Einstellung der Führungskraft zum Erfolg, zu ihrer Arbeit, zu der Arbeit ihrer Mitarbeiter und zu den Mitarbeitern selbst bildet den Resonanzboden, auf dem es gelingen kann, Gleichgesinnte zu finden und Verbundenheit herzustellen. Resonanz erzeugt mithin oft erst die Energie, die für ein gemeinsames Handeln Voraussetzung ist.

Lebt die Führungskraft hingegen eine negative Haltung zu den genannten Punkten – zum Erfolg, zur Arbeit, zu den Mitarbeitern – vor, wird sie eine negative Energie ausstrahlen und andere Menschen eher abstoßen. Und damit auch Mitarbeiter. An dieser Stelle wird wieder einmal die Relevanz der Vorbildfunktion einer Führungskraft deutlich. Sie sollte sich daher von hemmenden und blockierenden Einstellungen und Überzeugungen trennen. Zudem ist es wichtig, dass sich die Führungskraft, die am evolutionären Unternehmen arbeitet, von Energieräubern – seien es Überzeugungen, Glaubenssätze, Personen oder Situationen – trennt und sich auf die Zusammenarbeit mit Menschen fokussiert, deren Haltung auf Potenzialentfaltung und Potenzialentwicklung ausgerichtet ist und nicht auf Entmündigung.

Eine evolutionär ausgerichtete Führungskraft weiß, dass sie vom Leben all das zurückerhält, was sie hineingibt.

Das evolutionäre Prinzip der Baby-Steps

Revolution erfolgt in disruptiven Schüben und Sprüngen, die Evolution kommt gleichsam auf leisen Sohlen daher und schreitet gemächlicher und in kleinen Anpassungsschritten voran. Und sicherlich sind auch manchmal disruptive Schritte unerlässlich, etwa um wachgerüttelt zu werden und um notwendige Entwicklungen rasch umzusetzen – Irritation erzeugt Aufmerksamkeit. Sie muss nur verkraftbar sein. Die evolutionären Baby-Steps jedoch erfüllen eine andere Funktion:

 Das Prinzip der Baby-Steps lautet: in kleinen Schritten zur großen Veränderung.

Wichtig ist, überhaupt erst einmal anzufangen – bei Laotse heißt es: »Auch der längste Weg beginnt mit einem ersten Schritt« – und dann kontinuierlich weiterzugehen, oder besser: weiterzumachen. Der erste Schritt ist dabei immer der schwerste. Wer jedoch erst einmal angefangen hat zu laufen, ist nicht mehr so leicht aufzuhalten. »Dem Gehenden schiebt sich der Weg unter die Füße«, so drückt es der Schriftsteller Martin Walser aus.

Machen Sie sich also auf den Weg, oft geht es dann »wie von selbst« weiter. Und zwar sukzessive, Schritt für Schritt, unter Berücksichtigung und Bewahrung des Erreichten. Statt in hektischen Aktionismus zu verfallen, ist es zielführender, sich an den Buchtitel des Bestsellers von Sten Nadolny zu halten und »Die Entdeckung der Langsamkeit« zu nutzen und den Ausspruch Lothar Seiwerts »Wenn du es eilig hast, gehe langsam« zu beherzigen. In dem 1983 erschienenen Roman von Nadolny steht die Geschichte des britischen Seeoffiziers und Entdeckers John Franklin (1786–1847) im Mittelpunkt. Was uns im Zusammenhang mit den Baby-Steps interessiert: Nadolny thematisiert anhand der historischen Figur Franklins einen unzeitgemäßen Umgang mit der Zeit. Franklin ist ein langsamer Mensch, langsam in seinem Denken und auch langsam in seinen Bewegungsabläufen. Dafür erntet er Spott in einer Umgebung, die in der Epoche der industriellen Revolution ganz und gar auf Schnelligkeit ausgerichtet ist, mit einem eher bedächtigen und langsam-evolutionären Voranschreiten Probleme hat und zwischen dieser Schnelligkeit und dem Erbringen von Höchstleistungen einen unmittelbaren Zusammenhang sieht. Franklins »Behinderung« errichtet zwischen ihm und seinen Mitmenschen eine unsichtbare Mauer. Doch die vermeintliche Schwäche wird zu einer Tugend und Stärke, die ihm in bedrohlichen Situationen weiterhilft.

Mithilfe seiner Langsamkeit, die ihm die absolute Konzentration auf den gegenwärtigen Augenblick erlaubt, und damit auf das, was zu tun ist und erreicht werden soll, rettet er sogar Menschenleben. In der Figur des Seefahrers setzt Nadolny der Zersplitterung der Zeit durch das Primat der Schnelligkeit und überbordenden Hektik eine Botschaft entgegen, die dem bewussten Leben in der Gegenwart und der langsam-evolutionären Schritt-für-Schritt-Entwicklung ein kleines Denkmal setzt.

Die Konzentration auf den Augenblick und das, was notwendig ist, bildet das Fundament für das evolutionäre Prinzip der Baby-Steps: Die Kunst der Baby-Steps besteht darin, einfach den nächsten Schritt zu tun, und sei er auch noch so überschaubar, unscheinbar und klein. Wichtig ist, dabei nicht ständig zurückzublicken, sondern stets nach vorn zu schauen. Wenn Sie eine gerade Furche auf einem Acker ziehen wollen, ist es nicht hilfreich, ständig zurückzuschauen. Und indem wir uns überschaubare, aber realistische Ziele und Teilziele setzen, wird das Erreichen des »großen« Ziels immer wahrscheinlicher.

Das Prinzip der Baby-Steps ist ein Garant dafür, starten und kontinuierlich konzentriert bei der Sache bleiben zu können. Beschäftigen Sie sich in diesem Kontext darum mit den folgenden Fragen:

- Welche Motivation ist notwendig, um ins Handeln zu kommen und anzufangen?
- Was müssen Sie tun, um fokussiert und konzentriert bei der Sache zu bleiben?
- Wie lässt sich der geplante Entwicklungsweg in kleinen Schritten zurücklegen?
- Welche überschaubaren Verbesserungsschritte führen zum Ziel?

Das evolutionäre Prinzip der Selbstorganisation

Im Zeitalter der digitalen und agilen Arbeitswelt ist immer wieder von der Notwendigkeit zur Selbstorganisation die Rede. Die Fähigkeit, selbstorganisierend und eigenverantwortlich zu agieren, wird zu den Schlüsselqualifikationen von Mitarbeitern und Führungskräften gezählt, die flexibel und rasch mit den sich ständig ändernden Rahmenbedingungen umgehen und sich ihnen anpassen müssen.

 Die Kompetenz zum selbstorganisierenden Arbeiten gehört zu den Voraussetzungen evolutionärer Unternehmensentwicklung, bei der sich das Unternehmen durch permanente Anpassungs- und Transformationsprozesse auf seinen Unternehmenszweck zubewegt und sich ständig fragt, ob es sich noch auf dem Weg zu seinem ursprünglichen Zweck befindet.

Entscheidend ist wiederum die Fähigkeit zur Selbstreflexion. Die Führungskräfte und Mitarbeiter hinterfragen ihr Handeln und Denken und reflektieren die Frage, ob das, was sie tun, einen Beitrag leistet, um den ursprünglichen Aufgaben des Unternehmens gerecht zu werden. Grundsätzlich lässt sich sagen, dass Selbstorganisation darauf abzielt, mehr Beteiligung zu ermöglichen, sodass Mitarbeiter mehr Führung übernehmen können. Dabei müssen jedoch immer auch die Kompetenz, das Wissen und die zur Verfügung stehenden Ressourcen des Mitarbeiters berücksichtigt werden. Denn eines darf nicht passieren: dass nämlich die Ausrichtung auf das selbstorganisierende Arbeiten als Druck und Zwang empfunden wird. Hinzu kommt, dass Selbstorganisation, Selbststeuerung und Agilität nicht per se für jedes Unternehmen, jedes Team und jeden Menschen geeignet sind.

Nehmen wir als Beispiel die Forderung, dass Selbstorganisation eine weitgehend hierarchiefreie Führung verlangt, mithin die Abschaffung der Hierarchien und die Einführung »chefloser«, zumindest aber flacher und dezentraler Führungsstrukturen. Dabei wird oft vergessen, dass es Unternehmen gibt, für die dieser Grad der Selbstorganisation einem Selbstzerstörungsprozess gleicht. Ein Unternehmen, seine Führungskräfte und seine Mitarbeiter müssen reif sein, um die Prinzipien und Werte der Selbstorganisation verwirklichen und leben zu können. Darum sind sie nicht für jedes Unternehmen geeignet und sollten vorsichtig eingeführt werden, etwa mithilfe eines Pilotprojektes, bei dem die Beteiligten in die neuen Rollen hineinwachsen können. Dabei gilt: Wer hierarchische Strukturen abbaut, ohne vorab neue Regeln und neue Strukturen vorzugeben, wird in einem anarchischen Chaos landen. Ich plädiere darum dafür, dass Sie im Rahmen der selbstreflektorischen Fragen auch die folgenden Aspekte diskutieren:

※ Welcher Grad der Selbstorganisation und Selbstführung ist der angemessene für Sie, Ihr Unternehmen, Ihre Mitarbeiter, Ihr Team und in Ihrem persönlichen Verantwortungsbereich?
※ Unter welchen Spielregeln soll der Prozess der Selbstorganisation erfolgen?
※ Welche neuen Strukturen müssen aufgezeigt werden, um Orientierung zu geben und Klarheit zu erzeugen?

Ob Selbstorganisation der grundsätzlich richtige Weg zu mehr Selbstverantwortung ist, muss auch organisationsbezogen diskutiert werden. Eine sorgfältige Analyse, ein Identifizieren des Startpunkts (»Wo stehen wir, welche Voraussetzungen bringen wir mit?«) und die Diskussion, wohin der Weg mithilfe welcher Veränderungsprozesse führen soll, sind unabdingbar, um das Konzept des agilen Managements oder der Selbstorganisation einzuführen. Es geht dabei nicht um ein Entweder-oder – also nicht um die Frage: Selbstorganisation und agiles Management: ja oder nein –, sondern um ein Sowohl-als-auch.

Bei der Selbstorganisation ist zu bedenken, dass nicht alle Menschen von ihrem Persönlichkeitstypus her geeignet und auch nicht gewillt sind, angemessen mit der neuen Freiheit, sich selbst zu organisieren, umzugehen. Sie brauchen Führung und Anleitung, ja, sie wollen, wünschen und verlangen einen eher direktiv ausgerichteten Führungsstil. Hinzu kommt, dass es immer Menschen geben wird, die die Möglichkeiten, selbstorganisiert und eigenverantwortlich zu agieren, zu ihrem persönlichen Vorteil ausnutzen werden. Überdies gibt es Mitarbeiter, die einfach kein Interesse daran haben, ihren Verantwortungsbereich eigenständig auszugestalten. Es wünschen sich auch nicht alle Menschen Autonomie am Arbeitsplatz oder im Team – sie bevorzugen es, Anweisungen auszuführen. Das ist nicht wertend gemeint, denn solche Mitarbeiter erbringen eben dann ihre besten Leistungen, wenn sie angeleitet werden. Und in manchen Bereichen braucht es weiterhin disziplinarische Führungskräfte, die klar vorgeben, was gemacht werden soll.

 Prüfen Sie immer situativ, personen- und organisationsbezogen, welches das angemessene Maß der Selbstorganisation und Selbststeuerung ist. Tasten Sie sich langsam heran, erhöhen Sie gegebenenfalls schrittweise den Grad der Selbstorganisation.

Die Menschen dürfen durch die agilen Transformationsprozesse nicht überfordert werden – darum ist in diesem Kontext das zuvor dargestellte Prinzip der Baby-Steps von elementarer Bedeutung. Es geht darum, Menschen Stück für Stück und Schritt für Schritt mehr Verantwortung zu übertragen und es ihnen zu ermöglichen, die neue Verantwortung zu übernehmen.

Wie bei allen anderen evolutionären Prinzipien tut Differenzierung not: Es gibt einerseits Unternehmen und Teams, denen ein sehr hoher Grad an selbstständigem Arbeiten zuzutrauen ist und die sich in flachen, dezentralen oder gar hierarchiefreien Strukturen erfolgreich bewegen können und wollen. Auf der anderen Seite gibt es Unternehmen und Teams, für die dies eher kontraproduktiv ist. Und die meisten bewegen sich dazwischen und weisen unterschiedliche Entwicklungsstufen der Selbstorganisation und Selbststeuerung auf. Es erfordert von Ihnen einen klaren analytischen Blick, um herauszufinden, auf welcher Entwicklungsstufe sich Ihr Unternehmen oder Ihr Team befindet und welche Voraussetzungen für die Einführung von selbstorganisatorischen Elementen bereits erfüllt sind und welche nicht.

Evolutionäre Prinzipien: Das Wichtigste im Überblick

❊ Verantwortungsvolle Führungspersönlichkeiten nutzen die evolutionären Prinzipien, um ihr Unternehmen zu einer zukunftstauglichen Organisation zu entwickeln und die Zukunftsfähigkeit ihres Verantwortungsbereichs herbeizuführen.

❊ Im Fokus stehen die Prinzipien des lebenslangen Lernens, des Ausprobierens, der Auswahl, des Fragens, des Wachstums, der Gemeinsamkeit und der Kommunikation auf Augenhöhe, der Resonanz, der Baby-Steps und der Selbstorganisation.

❊ Evolutionäre Unternehmen hinterfragen ständig den Sinn und Zweck ihres Tuns. Insbesondere auf der achten Bewusstseinsebene steht die Frage im Mittelpunkt, wohin man sich grundsätzlich entwickeln soll und will.

❊ Führungspersönlichkeiten in evolutionären Unternehmen prüfen situativ und personenbezogen, welche die richtige Ausprägung eines Prinzips ist.

Kapitel 8

In evolutionären Unternehmen stehen die Menschen im Mittelpunkt, nicht die Prozesse

Ihr Check für die schnelle Übersicht	
Was dieses Kapitel bietet	Das Unternehmen fokussiert sich auf den Menschen, indem es im Mitarbeiter nicht den Funktionsträger sieht, sondern ihn in seiner Individualität akzeptiert.
Fortschritte, die Sie erzielen können	Sie überprüfen, ob der Grundsatz »Der Mensch steht im Mittelpunkt« in Ihrem Unternehmen und Verantwortungsbereich gelebte Realität ist.

Der Mitarbeiter als Zweck an sich

Im evolutionären Unternehmen ist der Mensch die wichtigste Konstante. Die kulturelle Transformation zum evolutionären Unternehmen gelingt nur, wenn die Menschen auf dem Weg dorthin mitgenommen werden, wenn sie ein Mitspracherecht haben und ihre Argumente, Einwände und Ideen gehört, reflektiert und berücksichtigt werden. Dazu muss der Mensch im Fokus stehen, und zwar nicht nur in Schönwetterreden und Werbeflyern, sondern ehrlich und wahrhaftig. Die Unternehmensleitung, die Führungspersönlichkeiten sollten die Mitarbeiter wertschätzen, ihnen zwar nicht blindlings, aber doch vertrauen können und jedem Mitarbeiter die Gelegenheit geben, seine Potenziale am Arbeitsplatz zu entfalten und zu entwickeln.

Entscheidend ist das Menschenbild

Sie kennen die klassische Unterscheidung zwischen Ergebnis- und Aufgabenorientierung auf der einen und Menschen- und Mitarbeiterorientierung auf der anderen Seite. Die Ausprägung der meisten Führungsstile geht auch in heutigen Zeiten auf diese fundamentale Unterscheidung zurück. Nach Paul Herseys und Kenneth Blanchards (1977) Konzept der situativen Führung entscheidet das Verhältnis zwischen der Aufgabenorientierung und der Beziehungsorientierung darüber, ob eine Führungskraft eher anordnet, Entscheidungen erläutert, Mitarbeiter partizipieren lässt oder Aufgaben, Kompetenzen und Verantwortung delegiert, weil sie den Mitarbeitern zutraut, eigenständig und eigeninitiativ zu agieren.

Natürlich passt eine Führungskraft ihren Führungsstil dem Reifegrad des Mitarbeiters und den praktischen Erfordernissen der Situation an. »One size fits all« trifft auf T-Shirts zu, aber nicht auf die Führung von Menschen. Wie eine Führungskraft aber grundsätzlich entscheidet und Mitarbeiter behandelt, hängt von ihrem Menschenbild ab. Denn wir nehmen eine grundlegende Haltung gegenüber dem

Menschen ein, halten ihn entweder für Feind oder Freund. Zwischen diesen Extrempositionen gibt es Abstufungen und Zwischentöne – entscheidend ist: Auf der Basis dieser Haltung bilden wir ein Menschenbild aus, das wir auf den einzelnen Menschen projizieren. So gibt es Unternehmer und Führungskräfte, die es den Mitarbeitern grundsätzlich zutrauen, ohne strenge Kontrolle und anweisende Direktiven gute Arbeitsergebnisse liefern zu können und liefern zu wollen. Andere wiederum meinen, ohne Beaufsichtigung und Kontrolle sei dies nicht möglich.

Douglas McGregor prägte die Unterscheidung zwischen einem überwiegend negativ-pessimistischen und einem überwiegend positiv-optimistischen Menschenbild erstmals 1960 am Massachusetts Institute of Technology (MIT). Diese Differenzierungen sind als die »Theorien X und Y« in die Managementliteratur eingegangen. Die Theorie X nimmt an, dass der Mensch eher von außen motivierbar sei, also mithilfe extrinsisch ausgerichteter Maßnahmen zu belohnen beziehungsweise zu sanktionieren sei. Im Gegensatz dazu geht die Theorie Y davon aus, dass wir Menschen sehr ehrgeizig sind und uns zur Erreichung sinnvoller Zielsetzungen gerne einer strengen Selbstdisziplin und Selbstkontrolle unterziehen und dabei bevorzugt eigenverantwortlich agieren.

 In einem evolutionären Unternehmen wird das überwiegend positiv-optimistische Menschenbild gepflegt, allerdings ohne die Augen vor der Realität zu verschließen.

Nehmen wir an, in einem Unternehmensbereich erbringen die Mitarbeiter nicht die Leistungen und Arbeitsergebnisse, die angesichts ihrer Kompetenzen und ihres Engagements zu erwarten wären. Natürlich: Die Minderleistungen können trotzdem mit den Mitarbeitern selbst in einem Zusammenhang stehen. In einem evolutionären Unternehmen geht die zuständige Führungskraft aber nun nicht sofort auf die berühmt-berüchtigte Suche nach einem Schuldigen. Vielmehr sucht sie gemeinsam mit den Beteiligten nach Lösungen und zieht auch in Betracht, den Mitarbeitern die Stolpersteine aus dem Weg zu räumen, die sie vielleicht daran hindern, gute Leistungen zu liefern.

Kein Funktionsträger, sondern ein Mensch

Die Folge ist, dass den Menschen Vertrauen und Wertschätzung entgegengebracht wird. Führungskräfte sind bereit, sich mit den Werten der Mitarbeiter zu beschäftigen, diese Werte im Diskurs zu erfragen und zu berücksichtigen. Und dieser menschenzugewandte Ansatz, der davon ausgeht, dass man Menschen vertrauen darf und sollte, spiegelt sich in der Unternehmenskultur und in den unternehmerischen Leitsätzen wider. Leitgedanke ist eine Führungsethik, die – nach dem kategorischen Imperativ des Philosophen Immanuel Kant – in jedem Menschen, in jedem Mitarbeiter nicht ein Mittel zum Zweck, sondern den Zweck selbst sieht.

Kant hat seinen kategorischen Imperativ in mehreren Varianten formuliert, etwa in der berühmten Fassung: »Handle nur nach derjenigen Maxime, durch die du zugleich wollen kannst, dass sie ein allgemeines Gesetz werde.« Für unseren Zusammenhang entscheidend ist Kants Aussage: »Handle so, dass du die Menschheit sowohl in deiner Person als in der Person eines jeden anderen jederzeit zugleich als Zweck, niemals bloß als Mittel brauchst.« Die Konsequenz ist:

 Der einzelne Mensch wird nicht primär als Funktionsträger interpretiert, sondern vor allem in seinem Menschsein akzeptiert.

Der Philosoph, Theologe und Unternehmensberater Rupert Lay drückt es so aus: »Handele so, dass du das personale (soziale, emotionale, musische, sittliche, religiöse) Leben in dir und anderen eher mehrst und entfaltest denn minderst und verkürzt.« (Lay 1989, S. 21) Der Mensch wird mithin als ganzheitliche Person gesehen, eben nicht als jemand, der eine Eigenschaft oder eine Kompetenz besitzt, die jemand anderem hilft, seine Ziele zu erreichen. Das personale oder auch humanistische Menschenbild ist unter anderem deswegen tragfähig, weil es nicht verschweigt, dass der Mensch selbstverständlich auch eine egoistische Haltung einnehmen kann und eine auf sich selbst bezogene Motivation verfolgt. Aber eben nicht nur – das Lay-Zitat oben zeigt, dass das personale Menschenbild stets auf das Umfeld, die sozialen Interaktionen und die Beziehungen zu anderen Menschen abhebt. Dabei wird nicht verschwiegen, dass es durchaus dazu kommen kann, dass etwa eine Führungskraft das personale Leben eines Mitarbeiters auch mindert. Ihre Zielsetzung jedoch ist immer, das personale Leben in der Summe und Konsequenz eher zu mehren und zu entfalten.

Natürlich: Ein Mitarbeiter muss seine Rolle ausfüllen und seine Aufgaben erledigen – aber darin erschöpft sich sein Daseinszweck nicht. In erster Linie wird er als Mensch mit Körper, Geist und Seele verstanden. Und wer den Mitarbeiter nicht als Mittel zum Zweck, sondern als Zweck an sich sieht, wird ihm – quasi automatisch – mehr Wertschätzung entgegenbringen. Der Mitarbeiter ist kein Rädchen im Unternehmensgetriebe, das gefälligst zu funktionieren hat und primär ein Verursacher von Personalkosten ist, sondern ein eigenständiges und einzigartiges Individuum, das sich in den Dienst des Unternehmens stellt: freiwillig, aus eigenem Antrieb und mit dem Interesse, sich dort einzubringen, aber auch mit der Erwartung, sich an seinem Arbeitsplatz entfalten und seine Potenziale nutzen zu können. Für eine Führungspersönlichkeit gilt dabei, dass sie die Menschen nicht nur über ihren Verstand und über Logik, sondern auch über ihre Herzen gewinnen will.

In einem evolutionären Unternehmen wird Wertschätzung als eine Grundhaltung des respektvollen Annehmens gelebt, sich selbst und anderen gegenüber. Wenn ein Mitarbeiter spürt, dass er nicht wertgeschätzt wird, kann und wird er sich nicht weiterentwickeln. In dem Unternehmen mit Persönlichkeit hingegen existieren Leitsätze, die die Menschen wachsen lassen. Und das heißt umgekehrt: Wer Menschen bewegt, kann Organisationen gestalten, kann Unterneh-

men evolutionär wachsen und gedeihen lassen, indem er ihren Wesenskern erkennt und diesen Wesenskern im Sinne einer ständigen
Weiterentwicklung zum Blühen bringt.

 **Führung im evolutionären Unternehmen heißt:
Menschen bewegen und Organisationen gestalten sind
die zwei Seiten einer Medaille.**

Eine Kultur, die Kooperation und Verantwortung als Werte pflegt
und in der die Menschen im Mittelpunkt stehen, wird sich anders
entwickeln als eine Kultur, die ausschließlich nach Gewinnmaximierung strebt. Und darum brauchen wir statt Management-Tipps dringend Leadership-Prinzipien, statt Einzelkämpfertum und Egozentrismus brauchen wir mehr Vernetzung und statt Beharrungstendenzen
brauchen wir mehr Veränderungsbereitschaft. Das erfordert die An-
näherung an ein Menschenbild, das dem Prinzip vom kooperativen
und partizipativen Zusammenwirken aller Menschen folgt. Und es
ist eine Vertrauenskultur notwendig, die sich natürlich fordern, aber
auch fördern lässt.

Führen mit Empathie

Elementarer Bestandteil einer Vertrauenskultur im Unternehmen
ist die Fähigkeit der Führungspersönlichkeiten, mit empathischem
Einfühlungsvermögen bei Mitarbeitern Demotivation zu verhindern.
Denn dies ist ein elementarer Schritt im evolutionären Unternehmen:
Die Führungsebene tut alles dafür, mögliche Demotivationsfaktoren
gar nicht erst aufkommen zu lassen. Entscheidend ist nach meiner
Erfahrung dabei die Kompetenz, sich in den anderen Menschen einzufühlen und ihn nicht als »Hilfsmittel« zu sehen, ein Ziel zu erreichen. Nein, es geht darum, zu zeigen, dass der Führungspersönlichkeit am ganzen Menschen gelegen ist. Die Folge: Nur Menschen, die
sie einfühlend versteht und zu denen sie eine Haltung entwickelt,
kann sie dann auch motivieren.

Empathie ist eine Haltung, die auf der Akzeptanz der grundsätzlichen Individualität eines Menschen beruht.

In Zeiten, die von Sinn- und Wertediskussionen geprägt sind, ist die empathische Haltung unabdingbar, um Unternehmen und Mitarbeiter erfolgreich in die Zukunft zu führen. Dabei ist Empathie auf der Grundlage eines personalen Menschenbildes durchaus erlernbar: Indem die Führungspersönlichkeit sich für andere Menschen interessiert, offen und neugierig auf sie zugeht und das Gespräch mit ihnen sucht, kann jenes einfühlsame Eingehen auf den anderen Menschen gelingen. Ich spreche in diesem Zusammenhang vom vierfachen E-Faktor (vgl. Nienkerke-Springer 2018a, S. 36 ff.): Das bedeutet:

✳ *Kognitive Empathie:* die Fähigkeit, die Sichtweisen anderer Menschen zu verstehen und nachzuvollziehen
✳ *Emotionale Empathie:* die Fähigkeit, sich in andere Menschen einzufühlen
✳ *Empathische Zuwendung:* die Fähigkeit, zu spüren, was andere Menschen gerade brauchen
✳ *Empathisches Entscheiden:* die Kompetenz, zwischen empathischem Verstehen und harter Konfrontation zu navigieren

Noch einmal zurück zu der Frage, ob sich Empathie erlernen lässt: Einer »ZDF-Führungskraft«, die sehr auf Zahlen, Daten und Fakten fixiert ist oder für die das Verwalten wichtiger ist als das Führen, wird es wahrscheinlich schwerer fallen, eine empathische Haltung zu entwickeln, als einer Führungspersönlichkeit, die allein schon aufgrund ihrer Persönlichkeitsstruktur eher beziehungsorientiert agiert. Aber grundsätzlich kann wohl nahezu jeder Mensch an sich arbeiten und versuchen, sich im Selbstreflexionsprozess zu verdeutlichen, wie wichtig es ist, die Perspektive des anderen einzunehmen, ihm genau zuzuhören, Gemeinsamkeiten zu entdecken und Unterschiede zu akzeptieren. Wer stets nur mit halbem Ohr hinhört, verliert am Ende den Mitarbeiter. Menschen mit wahrhaftigem Interesse am Mitmenschen hingegen sind oft in der Lage, zumindest annäherungsweise zu erkennen, was der andere fühlt. Das heißt: Wer Menschen führt, muss Menschen mögen – das ist eine Grundvoraussetzung empathischer und wertschätzender Führung.

Wertschätzung erzeugt Wertschöpfung

Wer den empathischen Blick auf die Menschen und auf die Mitarbeiter für sozialromantische Verklärung hält, dem sei gesagt: Wertschätzung erzeugt so gut wie immer Wertschöpfung. Das ist für mich wie eine Formel: Unternehmen funktionieren nicht wie Maschinen. Menschen brauchen Werte und eine Unternehmenskultur, die Orientierung gibt und Sinn stiftet, ein Umfeld, in dem Leistung und Lebensqualität als etwas Zusammenwirkendes verstanden werden. Und wer dies im Binnenverhältnis lebt, kann meistens beobachten, dass sich diese wertschätzende Haltung auch auf die Kundenkontakte und die Kundeninteraktionen überträgt.

Pointiert ausgedrückt: Mitarbeiter, die von ihren Führungskräften nicht ernst genommen und denen Aufgaben per Befehl zugeordnet werden, verhalten sich im Kundenkontakt entsprechend, also nicht wertschätzend. Die Vorbild- und »Leuchtturmfunktion« der Führungspersönlichkeiten kommt hier zum Tragen – und natürlich funktioniert der Zusammenhang auch umgekehrt: Wertschätzend geführte Mitarbeiter kommunizieren mit Kunden gleichfalls wertschätzend, bauen eher ein intensives und stabiles Vertrauensverhältnis auf – und verkaufen so letztendlich auch mehr.

Was wirklich zählt, ist, dass sich Menschen verstanden fühlen. Changemanagement und Kommunikation sind dabei zentrale Führungsaufgaben. Für Unternehmer und Führungskräfte bedeutet das nicht nur ein Navigieren durch turbulente und sich verändernde Märkte, sondern auch ein Navigieren zwischen empathischem Verstehen und harter Konfrontation. Denn sie müssen zuweilen einerseits vorangehen und den Weg weisen, andererseits aber immer darauf achten, die betroffenen Menschen mitzunehmen.

Die Fokussierung auf wertschätzende Menschenorientierung hat mithin nichts mit der erwähnten Sozialromantik zu tun, sondern ist eine Voraussetzung für umsatz- und gewinnsteigernde Kundenbeziehungen. Zu beachten ist, dass jene Fokussierung auf die wertschätzende Menschenorientierung nicht allein erfolgt, damit der Gewinn stimmt. Das wirft eine Frage auf: Ist es zu idealistisch gedacht und muss man sich den Vorwurf der Naivität gefallen lassen, wenn sich Unternehmer und Führungspersönlichkeiten die kontinuierliche und evolutionäre Weiterentwicklung des Unternehmens und der Menschen, mit denen sie zusammenarbeiten, auf die Fahnen schreiben? Und dann schlussfolgern – und hoffen –, es würde sich als Konsequenz der ökonomische Erfolg einstellen? Wobei natürlich ein paar weitere Dinge und Initiativen darüber hinaus Voraussetzung sind …

Durch Wir-Kultur entsteht Vertrauen

»Der Mensch im Mittelpunkt« – das wird wohl jeder bedenkenlos unterschreiben. Aber in vielen Unternehmen begegnen wir einer anderen Wirklichkeit. Wenn viele Menschen im Job schlicht und einfach unglücklich sind und als Kündigungsgrund Nummer eins den Chef angeben, wenn viele Menschen in Befragungen äußern, sich emotional nicht an den Arbeitgeber gebunden zu fühlen und sich in der inneren Emigration und kurz vor der äußeren Kündigung befinden – dann kann es nicht sein, dass der Grundsatz »Der Mensch im Mittelpunkt« tatsächlich gelebt wird. Nicht umsonst heißt es: »Menschen bewerben sich bei Unternehmen, aber verlassen Chefs.« Sie haben in diesem Zusammenhang bereits im ersten Kapitel von den deprimierenden Zahlen des Meinungsforschungsinstituts Gallup (Gallup 2018) gehört, nach denen 71 Prozent der Beschäftigten emotional gering und 14 Prozent überhaupt nicht emotional an ihren Arbeitgeber gebunden sind. Und jeder Dritte sei aktiv auf Jobsuche. Diese Zahlen, die das Institut unter dem Stichwort »Engagement Index« seit 2001 erhebt, sind seit über 15 Jahren sehr stabil. Lediglich 2012 lag die Prozentzahl der nicht oder nur gering emotional gebundenen

Arbeitnehmer bei »nur« 61 Prozent, und damit relativ niedrig. Das heißt für mich:

 Es muss mehr Unternehmer mit Persönlichkeit geben, die das Prinzip »Der Mensch steht im Mittelpunkt« mit Leben füllen.

In Unternehmen, in denen tatsächlich Menschlichkeit im Mittelpunkt steht, kann eine Wir-Kultur aufleuchten und das entstehen, was Götz E. Rehn in seinem Vortrag »Zusammenarbeit neu gestalten« (Rehn 2016) als ein »Miteinander der Agierenden« in einem Unternehmen beschreibt. Demnach bildet sich in einer unternehmerischen Wir-Kultur eine Menschengemeinschaft heraus, die aus Individuen besteht, die sich gemeinsam Ziele setzt und diese dann auch gemeinsam erreichen will. Voraussetzung ist, dass das Unternehmen als sozialer Organismus gesehen wird, der nicht primär Produktivitätsziele umsetzen will, sondern sich wertegetriebene Ziele steckt. Menschen werden wertgeschätzt, die willens sind, sich für die Erreichung der unternehmerischen Ziele individuell, aber auch im Team und in einer Verantwortungsgemeinschaft einzusetzen.

Konkret heißt das zum Beispiel: Der Selbstentfaltungstrieb der Mitarbeiter darf nicht gehemmt, sondern sollte gefördert werden, indem wertschätzende Unternehmer und Führungskräfte zum Beispiel dafür Sorge tragen, dass Mitarbeiter an dem auf sie passenden, also dem »richtigen« Arbeitsplatz tätig sind. Dort setzen sie dann ihre Talente, Stärken und Begabungen ein. Ideal ist es, wenn die Aufgaben zu den Stärken des Mitarbeiters passen und er genau die Kompetenzen aufbauen kann, die er zur bestmöglichen Bearbeitung seiner Aufgaben benötigt.

Damit dies gelingt, führen Unternehmer und Führungskräfte ihre Mitarbeiter mit werteorientierten und sinnstiftenden Zielen, die sie gemeinsam mit den Beschäftigten und Teams festlegen. Denn genau wie eine Gesellschaft muss ein Unternehmen das Gemeinsame erkennen und als identitätsstiftendes Momentum betonen. Entscheidend ist, dass der Grundsatz »Der Mensch steht im Mittelpunkt« bei allen Unternehmensentscheidungen in allen Unternehmensbereichen Berücksichtigung findet.

Das sollten die Unternehmen allein schon aus Eigennutz beachten. Denn in Zeiten des demografischen Wandels und des damit einhergehenden Fachkräfte-, ja Mitarbeitermangels können sich Bewerber unter mehreren offenen Stellen oft diejenigen heraussuchen, bei denen sie ihre Potenziale und Kompetenzen optimal entfalten können. Immer öfter evaluieren Jobsuchende bereits im Vorfeld die gelebte Kultur eines Unternehmens und fragen nach dessen Sinn und Zweck: »Welche Werte werden dort gelebt? Welcher Nutzen wird gestiftet? Passt die Unternehmenskultur zu mir? Was ist der Firma wichtig, woran wird geglaubt? Welchen Beitrag wollen wir in der Welt stiften?« Vor allem wollen sie wissen, ob die eigenen Werte zu denen des Arbeitgebers passen. Darum sprechen viele von einer notwendigen Investition in das Wir-Gefühl, bei dem das Unternehmen danach strebt, alle Bedürfnisse der Arbeitnehmer zu beachten und zu berücksichtigen, um nachhaltig Vertrauen aufzubauen. Dazu muss sich jeder Unternehmer und jede Führungskraft, gleich welcher Hierarchiestufe, bei Entscheidungen und in der Führungsarbeit immer wieder selbstkritisch hinterfragen, ob dabei das Kriterium Menschlichkeit erfüllt wird.

Mit Potenzialentwicklung Empowerment fördern

Die Mitarbeiterzufriedenheit rückt immer mehr in den Fokus. Das Ziel einer sinnstiftenden und inspirierenden Führungsarbeit besteht darin, die emotionale Mitarbeiterbindung zu erhöhen und so die innere Kündigung zu vermeiden. Inspirierende Führungsarbeit spricht den Menschen ganzheitlich an – den Kopf (kognitiv), das Herz (emotional) und die Hand (verhaltensorientiert). Erst diese ganzheitliche Ansprache ermöglicht das Entwickeln eines gemeinsamen Verständnisses zum Unternehmenssinn sowie die Schaffung eines Wir-Gefühls. Die Führungspersönlichkeit wird alles daransetzen, das Vertrauen der Mitarbeiter zu gewinnen und sie dabei zu unterstützen, dass sie ihre Potenziale vollumfänglich entwickeln können. Wer seine Mitarbeiter nicht als Funktionsträger und auszubeutende Ressource sieht, sondern als kongeniale Unterstützer auf dem Weg zum evolutionären Unternehmen, hat natürlich ein erhebliches Interesse daran, dass diese Menschen ihre Energien auf dem Weg zur Erreichung des Zieles entwickeln und einsetzen können.

Nach meiner Beobachtung gehört es in vielen Unternehmen immer noch zur gängigen Praxis, Potenzialentwicklung einfach nur verbal einzufordern, ohne das dafür notwendige Fundament zu schaffen. Dies gipfelt in der Aussage: »Ich habe Sie wegen Ihres Potenzials im Bereich IT-Entwicklung eingestellt. Nun zeigen Sie das bitte auch, entwickeln Sie sich weiter, und das möglichst schnell.« Stattdessen sollte im Unternehmen ein Nährboden geschaffen werden, aus dem Potenziale sprießen können. Wichtig dafür sind drei Grundprinzipien:

❊ Verstehbarkeit,
❊ Gestaltbarkeit und
❊ Sinnhaftigkeit.

In einem Umfeld, in dem diese Grundprinzipien ausreichend bedacht werden, können Mitarbeiter ihre Potenziale entfalten und sich auf der Stufenleiter des Empowerments nach oben entwickeln. Mit Empowerment ist gemeint, dass die Mitarbeiter einen sehr hohen Grad des eigenständigen und eigenverantwortlichen Denkens und Arbeitens erreicht haben. Um es mithilfe eines Beispiels aus dem Vertrieb zu veranschaulichen:

❊ Ein Vertriebsmitarbeiter mit nur gering ausgeprägtem Empowerment fragt, was er tun solle und wo denn die Kunden seien, die er ansprechen soll.
❊ Bei höherem Empowerment entwickelt er eigene Ideen, was zu tun ist, wenn zu wenig Kunden kommen; es hapert jedoch an der Umsetzung.

❊ Auf der nächsten Stufe fasst er den Entschluss, jene Ideen selbst umzusetzen. So kontaktiert er zum Beispiel eigeninitiativ Stammkunden, um Folgeaufträge zu generieren.

❊ Auf der höchsten Stufe des Empowerments handelt der Vertriebsmitarbeiter selbstständig, aktiv, eigenverantwortlich, autark und versteht sich als »Unternehmer im Unternehmen«.

Es gibt viele Faktoren, die das Empowerment fördern oder hemmen. Die Unternehmenskultur spielt eine Rolle – es muss in den unternehmerischen Grundsätzen überhaupt erst einmal verankert sein, dass die Eigeninitiative und das selbstständige Denken und Handeln nicht nur erwünscht sind, sondern auch gelebt werden sollen. Des Weiteren kommt es auf die Einstellung der Mitarbeiter zum eigenverantwortlichen Arbeiten an, sie müssen dies auch wollen und anstreben. Und auf diese Einstellung übt eine Führungskraft erheblichen Einfluss aus, insbesondere die Führungshaltung der unmittelbaren Führungskraft, in dem Beispiel also des Vertriebsleiters.

Zurück zu den drei Grundprinzipien und ihren Auswirkungen auf das Empowerment. Das erste Prinzip betrifft die *Verstehbarkeit*: Wenn Mitarbeiter nicht verstehen, warum sie etwas tun, agieren sie isoliert und losgelöst vom Geschehen. Die Antwort auf die Frage nach dem Warum, nach dem Sinn und Zweck, ist einmal mehr von existenzieller Bedeutung, auch für das Empowerment. Beim zweiten Prinzip geht es um die *Gestaltbarkeit*. Wenn Mitarbeiter das Gefühl haben, sie könnten sich mit ihrem eigenen Tun nicht aktiv am Arbeitsprozess beteiligen, wird häufig nur noch Dienst nach Vorschrift geleistet, sie fliehen in die innere Kündigung. Wie oben erwähnt: Wenn die Unternehmenskultur gar nicht darauf ausgerichtet ist, einen hohen Grad an Empowerment zuzulassen, wird jeder Antrieb zum selbstständigen Arbeiten im Keim erstickt. Zudem meint Gestaltbarkeit, Optionen, Beziehungen zwischen Mitarbeitern und Führungskräften aktiv zu formen und Begegnungen auf Augenhöhe zu ermöglichen. *Alle* Mitarbeiter müssen in die Lage versetzt werden und die Möglichkeit haben, unternehmerisch zu denken und Innovationen umzusetzen. Zukunftsfähigkeit darf nicht nur an einzelne Mitarbeiter, einzelne Bereiche oder Abteilungen delegiert werden, wenn es um evolutionäre Prozesse geht. Vielmehr gilt: An der Gestaltung der Zukunft sollten alle Menschen im Unternehmen mitwirken können.

Bleibt noch das dritte Grundprinzip, das der *Sinnhaftigkeit*: Mit ihr wird in den Fokus gerückt, dass Mitarbeiter vermehrt nach dem Sinn hinter und in ihrer Tätigkeit fragen. Ohne konkrete Antworten sind viele nicht bereit, Empowerment zu entfalten. Diese konkreten Antworten zu geben liegt in der Verantwortung der Führungskräfte.

Der Mensch im Mittelpunkt: Das Wichtigste im Überblick

※ Ein evolutionäres Unternehmen fokussiert sich auf das sinnvolle Miteinander der Menschen, die sich für das Unternehmen engagieren.

※ Unternehmen mit Wir-Kultur, bei der Menschlichkeit im Mittelpunkt steht und wertgeschätzt wird, sind auch ökonomisch erfolgreicher, weil sich die Menschen mit ihrem Arbeitgeber und dem Unternehmen emotional identifizieren.

※ Wenn der Mensch in einer Wir-Kultur im Fokus steht, entstehen Empowerment und ein Klima, in dem die Menschen ihre Potenziale entfalten wollen, können und dürfen.

»Jedenfalls ist es besser, ein eckiges Etwas zu sein
als ein rundes Nichts.«
Christian Friedrich Hebbel

Kapitel 9

Mit *Executive Personal Brand Strategy* (EPBS©) zur fokussierten Persönlichkeit

Ihr Check für die schnelle Übersicht	
Was dieses Kapitel bietet	Die Selbstreflexion ist das Instrument, um Ihre Einzigartigkeit zu erkennen und Ihr Profil zu schärfen.
Fortschritte, die Sie erzielen können	Sie entwickeln sich mithilfe der *Executive Personal Brand Strategy* zur fokussierten Führungspersönlichkeit.

Die starke Unternehmerpersönlichkeit an der Spitze

Evolutionäre Unternehmen werden meistens von einer Führungsriege geleitet, die aus fokussierten Persönlichkeiten besteht. Das war das Thema des zweiten Kapitels – an der Spitze steht im besten Fall eine fokussierte Unternehmerpersönlichkeit, die von ebensolchen Führungspersönlichkeiten unterstützt wird. Sie kennen den

Ausspruch »Gleich und Gleich gesellt sich gern«. Es gibt zahlreiche Parallelen zwischen evolutionären Unternehmen und fokussierten Menschen: Beide haben ihren Wesenskern erforscht, gefunden und identifiziert, der sich dann in einer Kernbotschaft manifestiert. Für Unternehmen und Menschen gilt: Sie wissen genau, in welche Richtung sie sich entwickeln wollen, sie möchten sich ihrem inneren Bestreben gemäß entfalten.

 Eine fokussierte Unternehmerpersönlichkeit will, dass sich das Unternehmen Schritt für Schritt seinem Daseinszweck annähert.

Meiner Erfahrung nach erzeugt eine fokussierte Unternehmerpersönlichkeit eine große Resonanz und zieht ebensolche Führungspersönlichkeiten an, also Menschen, für die es wertvoll und sinnvoll ist, dass ein Unternehmen nicht nur als rein wirtschaftliches System agiert, sondern zugleich einen höheren Zweck und ein übergeordnetes Ziel verfolgt, dem es dienen möchte.

Aber nicht nur das: Unternehmer- und Führungspersönlichkeiten arbeiten aktiv an sich selbst und wollen ihre Persönlichkeit immer mehr ausbilden. Dazu nutzen sie unter anderem die *Executive Personal Brand Strategy* (EPBS©), die ihnen hilft, sich zu fokussierten Menschen zu entwickeln und als solche von ihrem Umfeld auch wahrgenommen zu werden. Wie das gelingt, habe ich in meinem Buch »Personal Branding durch Fokussierung. In 10 Schritten zur einzigartigen Persönlichkeit« (Nienkerke-Springer 2018a) ausführlich dargestellt.

Damit deutlich wird, was ich unter einem fokussierten Menschen verstehe, möchte ich das Beispiel von Malala Yousafzai anführen, die 2014 im Alter von 17 Jahren gemeinsam mit Kailash Satyarthi den Friedensnobelpreis erhielt. Mit ihrem Einsatz für die Gleichberechtigung von Frauen und Mädchen wurde sie weltbekannt. Es ist der in Pakistan geborenen Kinderrechtsaktivistin gelungen, ihre Vision, ihre Lebensmission, ihre Kernbotschaft und Überzeugung, dass jedes

Kind auf der Welt das Recht auf Bildung und ein Leben in Frieden hat, in einigen wenigen prägnanten Worten auf den Punkt zu bringen: »Ein Kind, ein Lehrer, ein Buch und ein Stift können die Welt verändern.« Das sagte sie in ihrer Rede vor den Vereinten Nationen in New York im Juli 2013. Seitdem kämpft sie mit einer starken Überzeugungskraft für die Verwirklichung ihrer Vision. Menschen wie Malala Yousafzai, die sich konsequent darauf fokussieren, ihre Kernbotschaft zu vermitteln und ihr innerstes Anliegen beherzt umzusetzen, erinnern mich strukturell an evolutionäre Unternehmen, die tagtäglich an der Realisierung ihres fundamentalen Zwecks arbeiten.

Ein Unternehmer, der sein Haus in dieser Weise leitet, ist etwa der bereits erwähnte Götz Werner von dm. Als Vertreter eines anthroposophischen Weltbildes setzt er sich für ein bedingungsloses Grundeinkommen ein. Auch Dirk Roßmann mit seiner Entwicklungshilfestiftung fällt in diese Kategorie von Unternehmern.

Für klare Unterscheidbarkeit sorgen

Natürlich können wir uns nicht alle zu Malala Yousafzais entwickeln. Aber stellen Sie sich doch einen Moment lang vor, Sie würden vor der UN-Vollversammlung reden dürfen: Welche Botschaft würden Sie in die Welt hinausrufen? Um dies tatsächlich leisten zu können – wer weiß, vielleicht haben Sie eines Tages die Gelegenheit dazu, vor einer großen Menschenmenge Ihr Anliegen und Ihre Botschaft auszuführen! –, dient die *Executive Personal Brand Strategy*, kurz EPBS©. Die Strategie unterstützt Unternehmer, Führungskräfte und Mitarbeiter dabei, sich dem Status der Einzigartigkeit anzunähern und die eigene Persönlichkeit immer stringenter auszuformen. Das tun sie, weil sie davon angetrieben werden, kontinuierlich an ihrer individuellen Weiterentwicklung zu arbeiten, aber auch, um ihr Unternehmen als unterscheidbare Unternehmens-Marke und als attraktive Arbeitgebermarke mit einem klaren Employer und Corporate Branding zu positionieren. Denn sowohl ein persönlicher als auch ein unternehmerischer Personal Brand erlaubt den Aufbau strategischer Wettbewerbsvorteile gegenüber dem Mitbewerber.

Oft verhält es sich dann in der Folge so, dass Kunden und Stakeholder mit dem Unternehmen, den Produkten und den Dienstleistungen neben dem hohen Nutzen auch Authentizität und eine wertschätzende Unternehmenskultur verknüpfen und dies mit positiven Assoziationen und Emotionen in Verbindung bringen. Das Unternehmen und die Menschen aller Unternehmensebenen erscheinen in der Wahrnehmung der Kunden und Stakeholder als klar differenzierbar. Das heißt:

 Mit Ihrer Persönlichkeit steht Ihnen ein wirkmächtiger Hebel zur Verfügung, um sich von anderen Unternehmen deutlich zu unterscheiden.

Wenn es Ihnen gelingt, Ihre Person mit Charaktereigenschaften zu verknüpfen, die vom Umfeld tatsächlich wahrgenommen werden, können Sie das Unternehmen und sich selbst nachhaltig im Bewusstsein der Menschen verankern. Selbst bei ähnlichen Produkten klappt es dann mit der Differenzierung und dem Aufbau von unterscheidbaren Alleinstellungsmerkmalen.

Die »Augenblick, verweile doch, du bist so schön«-Momente erkennen

Der erste Schritt der EPBS© besteht darin, seinem inneren Kompass auf die Spur zu kommen. Das ist der entscheidende und zugleich schwierigste Schritt. Viele Menschen verwechseln Personal Branding damit, ein Bild von sich zu entwickeln, das einer fremden, von äußeren Einflüssen bestimmten Erwartungshaltung entspricht. Der Fehler dabei ist, nach außen hin ein möglichst positives Bild abgeben zu wollen. Man möchte bestimmten Erwartungen entsprechen, um zum Beispiel Karriere zu machen, mehr zu verkaufen oder bei seinen Mitmenschen einen höheren Beliebtheitsgrad zu erringen. Allerdings: Personal Branding bedeutet das genaue Gegenteil: Die Öffentlichkeit, das Umfeld und die Kunden sollen zum Beispiel die Führungskraft als authentische und glaubwürdige Person wahrnehmen. Einer fokussierten Unternehmer- und Führungspersönlichkeit geht es nicht darum, sich zu einem stromlinienförmigen 08/15-Typus zu entwickeln, einer von vielen zu sein. Sie will vielmehr zu ihrem inneren Wesenskern vordringen und diesen nach außen hin zur Darstellung bringen. Dazu muss sie erst einmal selbst entdecken und erkennen, was sie zu der Person macht, die sie ist.

Im Coaching benutze ich dafür gern das Bild des »inneren Davids«: Der Renaissance-Künstler Michelangelo (1475–1564) wurde einst gefragt, wie er seine David-Skulptur geschaffen habe. Er hatte sie aus einem einzigen Marmorblock gehauen. Seine Antwort: »Die Figur war schon in dem rohen Stein drin. Ich musste nur noch alles Überflüssige wegschlagen.« Dieses Bild beschreibt anschaulich, worum es beim Personal Branding und der EPBS© geht: den Kern seiner Persönlichkeit zu identifizieren, also das, was untrennbar zu einem Menschen gehört und ihn von den meisten anderen Menschen unterscheidet.

Wie kann dies gelingen? Indem Sie in die Selbstreflexion gehen. Indem Sie sich Fragen stellen wie etwa: »Wer bin ich, was sind meine Stärken, was ist mein Credo? Wie will ich in der Öffentlichkeit auftreten und gesehen werden, was ist meine ›Story‹, die mich von anderen Menschen unterscheidet?« Sie gehen also ähnlich vor, wie es in diesem Buch bezüglich der achten Bewusstseinsebene des evolutionären Unternehmens beschrieben worden ist. Hilfreich ist es, wenn Sie sich im Rahmen der Selbstreflexion mit der Frage beschäftigen, unter welchen Umständen Sie Ihr Leben als »gut« oder »gelungen« bezeichnen würden. Denn wohl jeder von uns kennt Tage, an denen er rundum glücklich, zumindest aber zufrieden ist. In solchen Momenten lehnen wir uns zurück und genießen den Augenblick. Ich nenne solche Momente »Augenblick, verweile doch, du bist so schön«-Momente (vgl. dazu auch Nienkerke-Springer 2018b).

Fallen Ihnen spontan solche Momente ein? Momente, in denen Sie das Gefühl hatten, das verwirklicht zu haben, was in Ihnen angelegt ist und womit Sie verbunden sind? Nach dem Motto: Erkenne dich selbst und werde der, der du bist. Die »Augenblick, verweile doch, du bist so schön«-Momente haben meistens etwas mit dem zu tun, was uns sehr am Herzen liegt und im Inneren ausmacht. Sie geben uns Hinweise auf spezifische Individualitätsmerkmale, die zu unserer Einzigartigkeit führen, und auf das in uns liegende Ziel (= innewohnendes Ziel), das auf seine Verwirklichung dringt. Um es anschaulich zu machen: Oft handelt es sich um Momente, in denen wir besonders stolz auf uns waren. Sie sind höchst individuell ausgestattet und betreffen bei dem einen Menschen ein besonderes persönliches Ereignis, bei dem zweiten ein berufliches Highlight, bei dem dritten eine spirituelle Erfahrung, etwa einen Moment des Sich-eins-Fühlens.

Sie sollten versuchen, mithilfe der Selbstreflexion Ihren inneren David aufzuspüren. Bedenken Sie bitte dabei, dass das »innewohnende Ziel« unterschiedlichen Lebensbereichen und Lebensmotiven entstammen kann. Für manche Menschen sind materielle Aspekte oder auch Anerkennung, Macht und Status von größter Relevanz. Für andere ist es die Möglichkeit, ein unabhängiges und selbstbestimmtes Leben zu führen. Oder es ist die Familie, verbunden mit dem Fokus, Menschen bei ihrer Weiterentwicklung zu unterstützen oder (seine) Kinder auf dem Weg zu starken Persönlichkeiten zu begleiten.

 Erkennen Sie mithilfe der Selbstreflexion Ihre persönlichen »Augenblick, verweile doch, du bist so schön«-Momente.

Auch die Ecken und Kanten berücksichtigen

Was ist eigentlich mit den nicht so strahlenden Aspekten der Persönlichkeit? Natürlich: Sie gehören dazu, und oft sind gerade sie es, die die Einzigartigkeit eines Menschen ausmachen. »Ecken und Kanten« sind ein Zeichen für eine Persönlichkeit, mit der der Umgang vielleicht nicht immer leicht ist. Und es mag Fälle geben, in denen der windschnittige Anpasser-Kollege die vakante Führungsposition erhält oder sich die Führungskraft durchsetzt, die ihr Fähnchen nach dem Wind ausrichtet und es meisterhaft versteht, sich stromlinienförmig der herrschenden Ansicht anzupassen. Opportunismus zahlt sich leider zuweilen aus.

Ich empfehle Ihnen, zu Ihren Eigenheiten zu stehen. Es ist befriedigender und zielführender, ein Mensch mit Ecken und Kanten zu sein, an dem sich andere festhalten und orientieren können, als ein rundes Nichts, von dem andere sagen, sie wüssten nicht, woran sie sind. Anpassertum führt oft in die Selbstverachtung, wer hingegen auch im starken Gegenwind geradesteht, baut Selbstbewusstsein auf. Und es gibt sie ja – die Menschen, die die Führungspersönlichkeit unterstützen, die vorangeht und es bevorzugt, eigene Ideen zu kreieren und umzusetzen. Und die Geschäftsleitung freut sich über Führungspersönlichkeiten, die sich mit einem scharfen Profil in den Wind stellen und Dinge durchboxen. Persönlichkeit wirkt. Darum können Ecken und Kanten durchaus ein Vorteil sein. Entscheidend ist: Stehen Sie immer zu sich selbst! Auch Niederlagen und Rückschläge gehören zu Ihrem Leben und in Ihr Profil.

Die Kernbotschaft formulieren

In einem nächsten Schritt erfolgt die Verdichtung der Persönlichkeitsessenz in einer Kernbotschaft. Haben Sie den Mut, sich mit Ihrer Haltung, Ihren Werten, Ihrer Persönlichkeit und mit dem Sinn und Zweck Ihres Lebens und Ihrer Tätigkeit konsequent auseinanderzusetzen. Scheuen Sie sich dabei nicht davor, auch die »großen Fragen« zu stellen: Was wollen Sie erreichen? Wie sind Sie zu dem geworden, der Sie heute sind? In welche Richtung soll sich Ihr Leben entwickeln? Wohin führen Sie Ihre Ambition und Ihre Leidenschaft? Wohin Ihre Energie, Freude und Sehnsucht? Leiten Sie daraus Ihre wichtigsten Lebensziele ab, die Sie auf Ihre beruflichen Ambitionen beziehen: Was wollen Sie umsetzen – für Ihre Kunden, für Ihr Unternehmen, für sich selbst?

Oft ist es eine werteorientierte Kernbotschaft, mit der es der fokussierten Persönlichkeit, ähnlich wie Malala Yousafzai, gelingt, andere Menschen von ihrem Vorhaben und ihren Ideen und Zielen zu überzeugen, Mitarbeiter, Kollegen, Vorgesetzte, Geschäftsleitung und andere Stakeholder auf ihrem Weg mitzureißen. Eine Kernbotschaft ist geeignet, den Satz »Ich bin geboren, um …« zu ergänzen. In ihr drückt die Führungspersönlichkeit ihre grundsätzliche Haltung aus, in der sich ihre Lebensvision offenbart, in ihr beschreibt sie ihre Mission und fasst fokussiert zusammen, was sie im und mit ihrem Leben erreichen will.

 Beenden Sie den Satz »Ich stehe dafür, als … dafür zu sorgen, dass …«. Das hilft Ihnen, Ihren Lebenszweck näher zu bestimmen.

Nehmen wir an, für Sie als fokussierte Führungspersönlichkeit ist der Wert »Ehrlichkeit« von nahezu existenzieller Bedeutung – für ihre Führungsarbeit, aber darüber hinaus auch für die Gestaltung Ihrer sozialen Kontakte am Arbeitsplatz und im privat-persönlichen Bereich. Für Sie ist der Ehrliche nicht der Dumme, sondern derjenige, für den Erfolg dann eintritt, wenn Ziele erreicht werden, ohne dass jemand dabei zu Schaden kommt. Sie blicken über den subjektiven Tellerrand Ihrer eigenen Erwartungen und Wünsche hinaus. Dann ist klar, dass Ihre Kernbotschaft sich auf diesen für Sie so zentralen Wert fokussieren sollte: »Ich sorge als Führungskraft dafür, dass in all unseren Interaktionen mit den Kunden, aber auch zwischen den Mitarbeitern aller Hierarchiestufen ehrlich und wertschätzend miteinander umgegangen wird.« Ein weiteres Beispiel für ein wertegetriebenes Ziel ist: »Ich stehe dafür, als Führungskraft dafür zu sorgen, dass sich meine Mitarbeiter zu eigenständig agierenden Individuen entwickeln.« Aber wie gesagt: Auch Kernbotschaften, die sich um materielle Werte und Ziele ranken, sind opportun. Die Hauptsache ist, sie sind authentisch.

Wichtig ist, dass Sie Ihre Kernbotschaft prägnant formulieren und dabei einige Stolpersteine umgehen. Eine Kernbotschaft sollte die Dinge pointiert auf den Punkt bringen. Für ihre Verfassung gilt: Wir sind immer dann mitreißend und überzeugend, wenn wir mit anderen Menschen über das sprechen, was uns wirklich bewegt und berührt und mit unserer inneren Haltung übereinstimmt. Suchen Sie einfach einmal das Gespräch mit vertrauten Menschen, die Sie gut kennen, und versuchen Sie, ihnen kurz und bündig darzustellen, was Sie im Innersten bewegt. Welche Formulierungen benutzen Sie? Können Sie diese im persönlichen Gespräch spontan gefundenen Worte für Ihre Kernbotschaft nutzen?

Für Sichtbarkeit sorgen

Leistung nutzt nichts, wenn sie niemand bemerkt. Wir leben in einer Welt, die oft mehr den äußeren schönen Schein belohnt als die eigentliche Leistung, Leidenschaft und Ambition. Wohl auch darum denken viele bei »Personal Branding« zuallererst an die Außenwirkung, an eine Darstellung des Selbst bis hin zur geschönten oder von anderen abgekupferten Inszenierung. Wer wissen will, welche fatalen Folgen dies haben kann, der werfe einen Blick ins Internet und betrachte die narzisstischen Exzesse der Selbstdarstellung in den sozialen Medien. Das Ziel einer EPBS© ist jedoch nicht die Inszenierung des eigenen Selbst um jeden Preis. Sie sollten schon genau prüfen, welches Ereignis oder welche Aktivität geeignet ist, Ihre Kernbotschaft nachhaltig in den Köpfen der Menschen zu verankern. Sie sollten sie ab sofort in Ihren Handlungen klar und authentisch zum Ausdruck bringen. Dabei gilt: Eigenlob stinkt nicht, zumindest nicht immer! Die eigene Persönlichkeit und die eigenen Stärken müssen nicht nur erkannt, sondern überdies kommuniziert werden. Suchen

Sie sich die Bühnen, auf denen Sie Ihre Stärken und Leistungen angemessen in den Vordergrund stellen und Resonanz erzeugen können: »Tue Gutes und sprich darüber.«

Zwar hat Branding immer etwas mit Darstellung zu tun: Image und Kommunikation aufbauen, Reputation managen. Allerdings:

 Im Zentrum sollte stets Ihr »Ich« stehen, nicht die Erwartungen anderer.

Darum sei noch einmal betont: Es geht vor allem um das, was untrennbar zu Ihnen gehört, basierend auf Ihren individuellen Werten und Haltungen. Aber es ist eben auch wichtig, dass die Menschen in Ihrem Umfeld genau wissen, wofür Sie stehen. Die Tatsache, dass Sie eine fokussierte Persönlichkeit sind, muss auch bekannt sein und wahrgenommen werden.

Darum: Vermeiden Sie es, die Kernbotschaft zu sachlich und nüchtern zu formulieren, sie sollte das Herz und den Verstand der Menschen ansprechen. Denn als fokussierte Persönlichkeit wollen Sie Mitstreiter gewinnen, also Anhänger für die Verwirklichung Ihrer Vision, Ihrer Ideen, Ihrer Vorhaben, Ihrer Ziele finden, wohlwissend, dass sich insbesondere »große Ziele« nur mit der Unterstützung anderer Menschen realisieren lassen. Einfaches Beispiel: In Ihrer Eigenschaft als Führungspersönlichkeit wollen Sie Ihre Mitarbeiter dazu bewegen, Sie mit Herz, Leidenschaft, Kompetenz und Sachverstand dabei zu unterstützen, Unternehmens-, Abteilungs- und Teamziele zu erreichen.

Das heißt: Sie möchten Ihre Überzeugung hinaus in die Welt tragen und mit Kraft und Energie Menschen animieren, sich im Sinne Ihrer Kernbotschaft zu engagieren und am Unternehmenserfolg zu arbeiten. Suchen Sie dazu das Gespräch mit den Mitarbeitern, versuchen Sie, in einer mitreißenden und überzeugenden Sprache das Tor zu den Herzen der Menschen, die Sie gewinnen möchten, zu öffnen. Dies wird Ihnen mit einiger Wahrscheinlichkeit am besten gelingen, wenn Sie über das sprechen, was Sie wirklich bewegt. Das können zum Beispiel die Werte sein, die in Ihrem Wertesystem eine fundamentale Rolle spielen, wie etwa Ehrlichkeit, die sich dann auch im täglichen Umgang mit Mitarbeitern und Kunden widerspiegelt.

Eine zentrale Frage in diesem Zusammenhang ist: Wo halten sich die Menschen auf, die Sie überzeugen wollen? Diese Kanäle sollten Sie vorzugsweise mit Ihrer Kernbotschaft bespielen. Welche Meetings oder Konferenzen bieten diese Möglichkeit? Ist es zielführend, die Kernbotschaft, vielleicht eingekleidet in eine kleine Story, selbstverständlich ohne übertriebene Selbstdarstellung, auch über die sozialen Medien zu transportieren? Wo also könnten Sie einen digitalen Fußabdruck hinterlassen und Menschen auf diese Weise begeistern?

Entwicklung als lebenslänglichen Prozess begreifen

Der Weg zur fokussierten Persönlichkeit ist letztendlich ein Prozess, der stets anhält und nie beendet ist. Hier zeigt sich wieder einmal eine deutliche Parallele zum evolutionären Unternehmen: Beide begeben sich auf eine Entwicklungsreise, die vor allem aufgrund des so wichtigen Selbstreflexionsprozesses nie zu einem endgültigen Abschluss kommt. Sie sollten darum immer wieder – mit Gelassenheit und Humor – »die Säge aufs Neue schärfen« und an Ihrem Personal Brand und Ihrer Positionierung arbeiten. Nehmen Sie dazu regelmäßig ein Update vor und überprüfen Sie selbstkritisch, ob Anpassungen erforderlich sind. Was aber stets unverändert bleibt, ist das Fundament: eben jener Wesenskern Ihrer Persönlichkeit.

Entwicklung zur fokussierten Persönlichkeit: Das Wichtigste im Überblick

✳️ Evolutionär ausgerichtete Unternehmen werden oft von fokussierten Unternehmer- und Führungspersönlichkeiten gelenkt.

✳️ Einem fokussierten Menschen ist es gelungen, seine »wahre Bestimmung« zu erkennen und sie zur Grundlage seines Denkens und Handelns zu machen.

✳️ Fokussierte Menschen haben die *Executive Personal Brand Strategy* genutzt, um ihre Persönlichkeit zum Ausdruck zu bringen. Die »Augenblick, verweile doch, du bist so schön«-Momente bieten Hinweise auf den Wesenskern eines Menschen und bilden darum die Grundlage für die EPBS©.

> »*Das Hauptproblem von Ethik und Politik besteht darin, auf irgendeine Weise die Erfordernisse des Gemeinschaftslebens mit den Wünschen und Begierden des Individuums in Einklang zu bringen.*«
>
> BERTRAND RUSSELL

Kapitel 10

Wirtschaften mit Sinn: Wirtschaftlichkeit und Ethik verknüpfen

Ihr Check für die schnelle Übersicht	
Was dieses Kapitel bietet	Evolutionären Unternehmen gelingt es, Wirtschaftlichkeit und Ethik in ein ausgewogenes Verhältnis zu setzen.
Fortschritte, die Sie erzielen können	Sie erhalten Anregungen, wie Sie einen Ethik-Kodex erarbeiten, um mit Sinn wirtschaften zu können.

Die gesellschaftliche Relevanz unternehmerischen Handelns

Die Zukunftsfähigkeit eines Unternehmens hängt entscheidend davon ab, inwiefern es gelingt, die Aspekte Wirtschaftlichkeit und Ethik miteinander zu verknüpfen. Das gilt insbesondere für evolutionär ausgerichtete Organisationen, die es sich auf die Fahnen geschrieben haben, über den rein wirtschaftlichen Tellerrand ihres Tuns hinauszublicken, eine unternehmerische Lebensaufgabe zu verfolgen und bei ihrer Weiterentwicklung Aspekte wie Nachhaltigkeit, Sinnstiftung, Fairness, Potenzialentfaltung und Transparenz (siehe Kapitel 1) in den Fokus zu rücken.

 Um das Unternehmen dauerhaft auf »Zukunft« einzustellen, ist eine ausgewogene Balance zwischen dem Zwang zur wirtschaftlichen Gewinnorientierung und Rentabilität auf der einen Seite und Ethik und Werteorientierung auf der anderen Seite unerlässlich.

Der evolutionäre Grundgedanke sichert Zukunftsfähigkeit. Zur Erinnerung: Charles Darwin hat festgestellt, dass die Arten, die sich am besten anpassen, diejenigen sein werden, die im Laufe der Evolution überleben. Übertragen auf die heutige Unternehmenswelt bedeutet dies: Es ist notwendig und richtig, wenn Sie die Umwelt und die Bedürfnisse der Menschen und der Gesellschaft im Blick behalten und einen Beitrag leisten wollen, um die Welt zu einem besseren Ort zu machen und für nachkommende Generationen eine lebenswerte Welt zu erhalten.

Immer mehr Unternehmer, Führungskräfte, aber auch Mitarbeiter wollen diese Balance zwischen Ethik und Wirtschaftlichkeit, zwischen Ökologie und Ökonomie, zwischen einem »guten« Leben und einem dennoch akzeptablen Lebensstandard schaffen. Menschen fragen sich, wofür sie arbeiten und welche Ziele »ihr« Unternehmen verfolgt, sie machen sich Gedanken über eine neue und gerechtere Verteilung des globalen Wohlstandes, über den nachhaltigen Umgang mit Ressourcen, über den Klimawandel und die Frage, wie die Zerstörung des Planeten gestoppt werden kann. Es werden – endlich – wieder die großen und generationenübergreifenden Fragen gestellt, auch wenn sich manche dabei in den inneren Widerspruch verstricken, einerseits etwas verändern zu wollen, aber dabei möglichst nicht bei sich selbst anfangen zu müssen.

Die Einstellung »Wasch mir den Pelz, aber mach mich nicht nass« ist noch weit verbreitet, befindet sich aber auch in unternehmerischen Kreisen auf dem Rückzug. Es gibt immer mehr Verantwortliche in den Unternehmen, die intensiv darüber reflektieren, ob wir nicht ein neues Bewusstsein, eine neue Geisteshaltung und ein neues Denken im Umgang mit der Umwelt und den natürlichen Ressourcen benötigen. Die Diskussion ist im vollen Gang. Die Diskussion darüber, wie wir leben sollten, ohne dabei nur an die Befriedigung der naheliegenden Bedürfnisse zu denken, ist nicht zu überhören. Es wird wieder über Wirtschaftsethik gesprochen, wir blicken wieder verstärkt über den beschränkten Horizont der eigenen Bedürfnisse hinaus und nehmen eine ganzheitliche Perspektive ein, bei der die Bedürfnisse aller Stakeholder des Unternehmens, ja, der Gesellschaft insgesamt Berücksichtigung finden. In Anlehnung an die Überzeugungen des Begründers der Anthroposophie Rudolf Steiner (1861–1925) möchte ich von einer menschen- und umweltgemäßen Art des Wirtschaftens sprechen, bei der die Zukunft aller Stakeholder in den Blickpunkt rückt. Viele Unternehmenslenker, mit denen ich zu tun habe, denken darüber nach, selbst in Krisenzeiten die Aspekte der Nachhaltigkeit und der Verantwortung nicht außer Acht zu lassen. Das stellt eine enorme Richtungsänderung dar, denn vor wenigen Jahren war eine solche Haltung noch die große Ausnahme.

Die enge Fokussierung auf Umsatz und Gewinnmaximierung steht zunehmend in der Kritik. Der Shareholder-Value-Ansatz, der aus den USA kam, findet dort zurzeit eine starke Gegenbewegung. Der Unterschied zwischen dem Shareholder-Ansatz und dem Stakeholder-Ansatz liegt im Wesentlichen darin, dass ein Bewusstsein besteht, dass man Teil des gesellschaftlichen Ganzen ist und sich dafür engagieren muss. Es werden eben nicht nur die Interessen der Aktionäre und Eigentümer berücksichtigt, sondern auch die Interessen der Mitarbeiter, der Kunden und der Gesellschaft, denn »Unternehmen sind Teil der Gesellschaft, leben von ihr und müssen ein ureigenes Interesse daran haben, einen positiven Beitrag zu leisten. (…) Es geht darum, eine wirkliche Haltung zu zeigen, nicht um einzelne Maßnahmen.« (Marc Beise, 2019, S. 29)

Leider gibt es auch gegenläufige Entwicklungen: Natürlich muss ein Unternehmen immer auch den Rentabilitätsgedanken beachten. Wenn es das nicht tut, gefährdet es Arbeitsplätze und die Existenzgrundlage der Mitarbeiter. Andererseits: Welche fatalen Konsequenzen es für die gesamte Gesellschaft hat, wenn Unternehmer und Unternehmen einzig und allein das Rentabilitätsdenken in den Mittelpunkt stellen, zeigen die Skandale, die die Republik immer wieder erschüttern. Wenn so etwas wie eine ethische Urquelle in uns Menschen existiert, so scheint diese bei einigen Unternehmenslenkern nach wie vor verschüttet zu sein.

Trotzdem bleibe ich dabei: Das Bewusstsein, dass unternehmerisches Handeln eine gesellschaftliche Relevanz besitzt, wächst. Unternehmen haben die Aufgabe, Verantwortung zu übernehmen, und müssen dazu beitragen, eine bessere Gesellschaft zu schaffen. Unternehmer- und Führungspersönlichkeiten sollten sich mit der Frage beschäftigen, welchen spezifischen Fokus sie setzen müssen, um dieser Verantwortung gerecht zu werden. Markt- und Konkurrenzbeobachtung, stetige Interessenserforschung und der Wille, Altes loszulassen und Neues anzunehmen, sind Schlüsselkomponenten auf dem Weg in die Unternehmenszukunft. Dabei spielen Führung und Leadership eine zentrale Rolle.

Dabei kommt es vor allem auf die Menschen an der Unternehmensspitze an: Denn letztlich sind wir Menschen es, die die Verhältnisse und Bedingungen, unter und mit denen wir leben, schaffen, verändern, verschlechtern, aber auch verbessern. Darum: Zwingend notwendig ist eine Art Ethik-Kodex, vergleichbar mit Leitlinien der Zusammenarbeit, der Regeln, Vorgaben und Anleitungen umfasst, in dem sich ethisch legitimierte Überzeugungen verdichten. Das allein jedoch genügt nicht:

 Menschen müssen sich an einen Ethik-Kodex gebunden fühlen und die dort festgeschriebenen Normen beachten, umsetzen und mit Leben füllen und sie zur Richtschnur ihres Denkens und Handelns erheben.

Voraussetzung ist die Schaffung eines ethischen Bewusstseins, durch das die Notwendigkeit und die Sinnhaftigkeit, ethische Kriterien in ökonomische Überlegungen einzubeziehen, zu einer Selbstverständlichkeit werden. Die fokussierten Unternehmer- und Führungspersönlichkeiten sind einmal mehr aufgefordert, voranzugehen und die Schaffung eines solchen Bewusstseins zu ihrer Aufgabe zu erheben. Dann werden diejenigen Unternehmen am Markt bestehen können, die bereit und fähig sind, ethische Maßstäbe in ihre Unternehmens- und Führungsphilosophie zu integrieren.

Unternehmer wie Götz W. Werner (dm), Antje von Dewitz (VAUDE) und Alfred Ritter (Ritter Sport) leben in ihren Firmen den Gedanken vor, dass langfristig wirksame ethische Überzeugungen nicht auf dem Altar der kurzfristigen Gewinnmaximierung geopfert werden dürfen und von einer Mehrheit im Unternehmen getragen werden müssen. Ganz ähnlich argumentierte Angela Merkel anlässlich der Verleihung der Ehrendoktorwürde der Universität Harvard im Juni 2019. Sie wies darauf hin, wie wichtig es für den Fortbestand einer Gemeinschaft ist, an gemeinsame Prinzipien zu glauben und sich an diesen zu orientieren. Es sei möglich, Antworten auf die schwierigen Fragen der heutigen Zeit zu finden, »wenn wir Respekt vor der Geschichte, der Tradition, der Religion und der Identität anderer haben, wenn wir fest zu unseren unveräußerlichen Werten stehen und danach handeln und wenn wir bei allem Entscheidungsdruck nicht immer unseren ersten Impulsen folgen, sondern zwischendurch einen Moment innehalten, schweigen, nachdenken, Pause machen«.

Gefragt sind also verantwortungsvolle fokussierte Unternehmer- und Führungspersönlichkeiten, die nicht nur ihren eigenen Nutzen optimieren wollen, sondern sich zugleich einer Wirtschaftsethik verpflichtet fühlen und einen Blick auf das große Ganze werfen. Wer den Verlust der Sinnhaftigkeit im unternehmerischen Bereich beklagt, sollte bei der Suche nach Veränderungsoptionen vor allem in den Spiegel schauen und sich fragen, welchen Beitrag er selbst leisten kann. Jeder möge bei sich ansetzen. Die Beantwortung der Frage, was jeder im eigenen Umfeld verändern kann, damit sich

Wirtschaftlichkeit und Ethik miteinander verbinden lassen, tut uns zweifellos allen gut. Dabei ist es wünschenswert, dass immer mehr Menschen zu der Überzeugung gelangen, dass Kooperation, Mitgefühl, Geben und Dienen oft mehr Nutzen für uns nach sich ziehen als das alleinige Wettbewerbs- und Konkurrenzdenken.

Ethisch legitim agieren und Existenz des Unternehmens sichern

Damit die Verknüpfung von Wirtschaftlichkeit und Ethik gelingt, sind die folgenden Aspekte von besonderer Relevanz:

- die Verabschiedung des Entweder-oder-Denkens zugunsten einer Sowohl-als auch-Haltung und
- die Erstellung eines Ethik-Kodex.

»Sowohl-als-auch« statt »Entweder-oder«

Evolutionär ausgerichtete Organisationen und evolutionär geprägte Menschen folgen keinem Entweder-oder-Denken. Sie sind eher darauf geeicht, in verbindenden und verknüpfenden Sowohl-als-auch-Kategorien zu denken und zu handeln. Darum fällt es ihnen meistens leicht, zu analysieren, welche möglichen Schnittmengen es zwischen Wirtschaftlichkeit und Ethik gibt, und zu prüfen, inwiefern sich diese Aspekte verknüpfen lassen. Ein Unternehmer steht mithin vor der praktischen Herausforderung,

- zum einen im Rahmen unserer Wirtschaftsordnung der freien und sozialen Marktwirtschaft und ihrer Wettbewerbszwänge die Existenz und die Entwicklungsfähigkeit des Unternehmens zu sichern,
- infolgedessen die unternehmerischen Aktivitäten auf die Größen »Gewinn« und »Erfolg« auszurichten, aber auch

※ die ethische Qualität dieser Aktivitäten vor den Betroffenen und selbstverständlich auch vor sich selbst zu rechtfertigen und zu verantworten.

Damit sich diese Herausforderung bewältigen lässt, hat Stephan Wittmann bereits 1995 vorgeschlagen, dass die Verantwortlichen in den Unternehmen versuchen sollten, eine möglichst große Schnittmenge zwischen den ökonomisch und den ethisch verantwortbaren Handlungsprogrammen herzustellen (vgl. Wittmann 1995). Das bedeutet, dass Sie bei jeder Ihrer Entscheidungen prüfen sollten, ob sich dabei nicht beide Aspekte – Wirtschaftlichkeit / Gewinn / Rentabilität und Ethik / Moral / verantwortliches Handeln – berücksichtigen lassen. Dass nach der wirtschaftlichen Verantwortbarkeit von Handlungen und Entscheidungen gefragt wird, ist vermutlich eine Selbstverständlichkeit. Ihre Analyse sollte jedoch ebenso der Frage nachgehen, ob ein Handlungsprogramm ethischen Kriterien genügt. Das bedeutet: Wer eine ökonomische Entscheidung trifft und dabei ethische Maßstäbe vollkommen unberücksichtigt lässt, handelt genauso unverantwortlich wie ein Unternehmer, der zwar ethisch legitim agiert, aber damit den Bestand des Unternehmens gefährdet. Beides muss vermieden werden.

Es klang bereits an: Zunehmend rücken bei der Bewertung unternehmerischer Aktivitäten und Entscheidungen ethische Überlegungen in den Vordergrund. Insbesondere Konsumenten und Kunden wollen heutzutage wissen, wie ein Unternehmen »tickt« und welche ethische Haltung es einnimmt. Rein kurzfristiges Profitstreben mit all seinen möglichen Kollateralschäden stößt verstärkt auf Ablehnung. Das ist nicht immer so, aber immer öfter. Darum achten evolutionäre Unternehmen darauf, dass Ökonomie und Ökologie miteinander kompatibel sind und sich Gewinnmaximierung und Menschlichkeit miteinander verbinden lassen. Ein anschauliches Beispiel sind ethische Geldanlagen: Die Investoren wollen wissen, was genau mit ihrem Geld geschieht, und die Mitwirkung an fragwürdigen und ethisch zweifelhaften Geschäften vermeiden, selbst wenn das Renditeversprechen äußerst attraktiv ist.

Klar ist aber auch: Es darf nicht sein, dass Unternehmen, die sich ethisch verhalten wollen und unter Berücksichtigung entsprechender Kriterien am Markt agieren, gegenüber dem Wettbewerb, für den diese Überlegungen keine oder eine untergeordnete Rolle spielen, ökonomisch ins Hintertreffen geraten. Darum sind ethisch handelnde Unternehmen auf politische und vor allem ordnungspolitische Rahmenbedingungen angewiesen, durch die Anreize gesetzt werden, sich ethisch zu verhalten. Doch zurück zu dem, was Sie selbst tun können, um ein solches Verhalten zu leben.

Ein Ethik-Kodex und seine Bedeutung

Eine Voraussetzung für die Möglichkeit, ökonomisch und ethisch verantwortbare Handlungsprogramme gegeneinander abzuwägen und in einen Bezug zu setzen, ist das Vorhandensein einer Entscheidungsgrundlage, etwa eines Ethik-Konzepts, das sich ein Unternehmen erarbeitet und an dem es sich messen lassen will und messen lassen muss. Es muss möglich sein, die unternehmerischen Aktivitäten und Entscheidungen sowohl auf ökonomische als auch auf ethisch-moralische Qualität und Stichhaltigkeit hin zu überprüfen. Darum sollten Unternehmer- und Führungspersönlichkeiten dafür sorgen, dass es in ihrem Verantwortungsbereich einen Ethik-Kodex gibt. Wie der funktionieren und aussehen kann, dafür gibt es Beispiele.

Zunächst einmal zur Klärung: Mit »Ethik« ist ein von mindestens einem Menschen mit einer Begründung vorgeschlagenes System von Normen gemeint. In diesem Sinn ist ein unternehmerischer Ethik-Kodex ein System an Normen und Verhaltensweisen, das Menschen im Unternehmen gemeinsam erarbeitet haben, weil sie der Meinung sind, die Orientierung an diesem System sei hilfreich, um ein wertschätzendes und verantwortungsbewusstes Miteinander zu fördern. So hat sich zum Beispiel die Stadt Konstanz einen Ethik-Leitfaden gegeben, der Verhaltensregeln für Stadträte und den Oberbürgermeister umfasst, um deutlich zu machen, dass deren Amtsführung nicht empfänglich ist für die persönliche Vorteilsnahme.

Aber auch Unternehmen arbeiten verstärkt mit einem Ethik-Kodex, so etwa Ferrero. Das Unternehmen beschreibt auf seiner Internetseite seine Prinzipien. Der Kodex wird als ein Kompass gesehen, der allen Mitarbeitern zur Orientierung dient. Giovanni Ferrero betont, dass es heute mehr denn je notwendig sei, »unsere ethische Anschauung zu bekräftigen und unsere Prinzipien, gemeinsamen Werte und unsere Verantwortung klar zum Ausdruck zu bringen. Diese Grundsätze leiten unser Verhalten in all unseren Beziehungen mit dem Markt und besonders mit den Verbrauchern, den Kommunen, in denen wir tätig sind, den Menschen, die mit uns arbeiten, sowie mit allen anderen Parteien, mit denen wir interagieren. (…) Die Konsolidierung unserer Zukunft kann nur erfolgen, wenn all jene, die im Unternehmen mitarbeiten und Zeit, Arbeit, Ideen einbringen, fortwährend eingebunden und persönlich in die Pflicht genommen werden: Diesen Menschen gebührt unsere Wertschätzung. Wenn wir heute jene Werte und Prinzipien bestärken, die von jeher gelebt wurden und unseren Erfolg gewährleisteten, so tun wir das auch zum Zeichen der Anerkennung dieses ethischen Grundverständnisses.«

Das Unternehmen betont in seinem Ethik-Kodex, es verfolge die »Wertschaffung« für die Gemeinschaft *und* das Unternehmen. Die Mitarbeiter werden als das wertvollste Kapitel des Unternehmens bezeichnet, es gibt ein Verantwortlichkeitskonzept, der Umgang mit der Umwelt beruht auf Nachhaltigkeit und den Kernkategorien »Beseitigung, Erneuerbarkeit, Recyclingfähigkeit, Reduzierung und Wiederverwertung«, es werden Kontrollmechanismen und das Verhalten bei Verstößen bis hin zu Sanktionsmaßnahmen aufgeführt. Zudem geht das Unternehmen mit seinen Mitarbeitern und seinen externen Partnern konkrete Vereinbarungen ein, die zum Beispiel den Umgang miteinander und die gegenseitigen Rechte und Pflichten betreffen.

Auch die Scherdel-Gruppe (www.scherdel.de), ein familiengeführtes Unternehmen aus dem oberfränkischen Marktredwitz, das vor allem technische Federn herstellt, arbeitet mit einem Ethik-Kodex, der ein Unternehmensleitbild mit ethischem Fundament und ethisch legitimierte Unternehmensziele umfasst. Zentral ist der Gedanke, dass die Mitarbeiter nicht als Kosten-, sondern als Erfolgsfaktoren, ja, als Erfolgsgaranten anerkannt werden – eine Haltung, die wir schon bei VAUDE, dm und der GLS Bank gesehen haben. So ist es möglich, das schöpferische Potenzial der Menschen zu entfalten und abzurufen, um den Unternehmenserfolg zu ermöglichen. Das heißt:

 Ethische Verhaltensweisen führen zu unternehmerischem Erfolg.

Erarbeiten Sie Ihren individuellen Ethik-Kodex

Nun geht es darum, dass Sie selbst für Ihren Verantwortungsbereich Ihren Ethik-Kodex erarbeiten und formulieren. Natürlich bestimmen allein Sie – gemeinsam mit Ihren Vertrauten –, welche konkreten Inhalte sich in Ihrem Kodex wiederfinden. An dieser Stelle möchte ich Ihnen einige praktische und umsetzungsorientierte Hinweise geben, was Sie dabei beachten sollten:

※ Inhaltliche Leitlinien für Ihren Ethik-Kodex können Ihre Vision und Ihre Mission sein, Ihre grundsätzlichen Überlegungen zu Ihrer Kernbotschaft und Ihrem Unternehmenszweck und zu Ihrer Haltung, in welche Richtung sich Ihr Unternehmen (oder Ihr Verantwortungsbereich) entwickeln soll.

※ Legen Sie fest, für welche Gruppen der Kodex gelten soll.

※ Formulieren Sie die grundlegenden Unternehmensprinzipien. Beschränken Sie sich auf elementare Kernaussagen, fünf bis zehn Prinzipien, die klar und nachvollziehbar sind, genügen in der Regel.

※ Beziehen Sie die dargestellten Normen und Verhaltensweisen insbesondere auf den Umgang mit Ihren Kunden, Ihren Mitarbeitern und Ihren Lieferanten. Beschreiben Sie deren Rechte, aber auch Pflichten.

❉ Berücksichtigen Sie auch den Umgang mit Ihren Wettbewerbern.

❉ Entscheidend ist der Blick über den Tellerrand: Wie gehen Sie mit den Ressourcen um, die Sie verbrauchen, weil Sie sie für Ihr Tun benötigen? Wie stehen Sie zu Ihrem Umfeld, den Institutionen, mit denen Sie zu tun haben, der Gesellschaft insgesamt? Denken Sie an die Konsequenzen Ihres Tuns für nachfolgende Generationen.

❉ Das Fundament des Ethik-Kodex soll und muss aber immer die grundsätzliche Haltung sein, dass der Mensch im Fokus stehen sollte. Die Bereitschaft, einen Ethik-Kodex zu formulieren, genügt nicht. Leitbilder und Unternehmensgrundsätze sollten stets von dem Gedanken getragen werden, dass der Mitarbeiter das wichtigste Gut im Unternehmen ist, dem Wertschätzung entgegengebracht werden muss (siehe dazu insbesondere Kapitel 8).

❉ Mit wem können Sie sich zu diesen Fragen und Überlegungen austauschen? Wer soll an der Ausarbeitung des Ethik-Kodex beteiligt werden? Wie soll das geschehen? Welche Ratgeber und Unterstützer sollten hinzugezogen werden?

❉ Achten Sie darauf, Querdenker mit dabei zu haben, die einen kritischen Blick auf die Überlegungen werfen. Nutzen Sie deren Widerspruch und Einwände konstruktiv.

❉ Formulieren Sie in dem Kodex eher Gebote statt Verbote – auch um die Menschen zum engagierten Mitmachen zu bewegen.

❉ Überprüfen Sie den Kodex anhand der Realität. Er ist nicht in Stein gemeißelt und sollte neuen Rahmenbedingungen angepasst und gegebenenfalls verändert werden.

Wirtschaftlichkeit und Ethik verknüpfen: Das Wichtigste im Überblick

✳ Wirtschaften mit Sinn bedeutet, bei unternehmerischen Aktivitäten und Entscheidungen neben ökonomischen auch ethische Implikationen einbeziehen zu wollen, sie also überhaupt erst einmal in den Fokus zu rücken. Voraussetzung ist die Schaffung eines ethischen Bewusstseins.

✳ Die Verknüpfung gelingt, indem das Sowohl-als auch-Denken überwiegt und ein Ethik-Kodex formuliert wird, der Normen und Verhaltensweisen beschreibt, wie sich die ethische Orientierung realisieren lässt.

✳ Ziel sollte sein, die Schnittmenge zwischen ökonomisch erforderlichen und ethisch verantwortbaren Handlungsprogrammen kontinuierlich zu vergrößern.

»Die größte Entscheidung deines Lebens liegt darin, dass du dein Leben ändern kannst, indem du deine Geisteshaltung änderst.«

ALBERT SCHWEITZER

Kapitel 11

Evolutionäre Unternehmen benötigen eine Haltung des Gelingens

Ihr Check für die schnelle Übersicht

Was dieses Kapitel bietet	Wer sich auf den evolutionären Weg macht, benötigt eine Haltung des Gelingens, die der evolutionären Herausforderung gerecht wird, und die Erkenntnis, dass sich niemand der Zukunft allein stellen muss.
Fortschritte, die Sie erzielen können	Sie prüfen, inwieweit Sie die Haltung des Gelingens schon etabliert haben.

Die Haltung des Gelingens

Der Satz von Albert Schweitzer bringt es auf den Punkt: Wer den Weg zum evolutionären Unternehmen gehen und die Transformation, in der sich Gesellschaft und Wirtschaft befinden, bewältigen will, benötigt Haltung: eine Haltung zu sich selbst, eine Haltung zu dem Entwicklungsweg des Unternehmens und, vor allem, als Unternehmer und Führungskraft eine Haltung zu den Mitarbeitern und zu den Stakeholdern des Unternehmens. Ich spreche in diesen Zusammenhang von einer Haltung des Gelingens.

Die »Haltung des Gelingens« ist keine revolutionäre Weiterentwicklung, die mit neumodischen Trendbegriffen wie Mindset oder Mindshifting umschrieben werden muss. Es reicht auch nicht, ein noch so kraftvolles und überzeugendes »Purpose-Statement« abzugeben, wenn es eben nur Worthülsen bleiben. Die Haltung des Gelingens ist vielmehr die logische Konsequenz daraus, dass wir die Transformations- und Veränderungsprozesse der Gegenwart und Zukunft nicht mehr mit dem Denken und den Führungskompetenzen der Vergangenheit bewältigen und lösen können. Wir müssen uns mehr anstrengen, um in Zukunft relevant zu bleiben, denn wirklich gefährlich ist nicht der Wandel da draußen, sondern der Stillstand in und bei uns selbst.

Entscheidend für die Haltung des Gelingens sind die Beziehungen der Menschen untereinander, die sich für ein Unternehmen einsetzen. Menschen müssen Verbundenheit miteinander spüren und stolz auf das Umfeld sein, in dem sie arbeiten.

»Gehe jeden Tag an den Arbeitsplatz, erledige die dir übertragenen Aufgaben und gebe dein Bestes« – diese Haltung ist veraltet. Wir brauchen vielmehr den mitdenkenden kreativen Mitarbeiter, der Verantwortung übernehmen und selbst entscheiden kann und will. Wir brauchen Leader und nicht reaktionsgesteuerte Manager und Führungskräfte in einem starren System. Allen Führungskräften und Mitarbeitern muss es möglich sein, quer und außerhalb der üblichen Kategorien zu denken und zu handeln, aus der Box herauszuspringen, also die Komfortzone zu verlassen und mit innovativen und kreativen Ansätzen Neuland zu betreten.

Leider beobachte ich häufig eine Diskrepanz zwischen dem, was das Management in der Unternehmensphilosophie, den Unternehmensgrundsätzen und den Führungsleitlinien festschreibt, fordert und proklamiert, und der gelebten Realität auf der Mitarbeiterebene. Strukturen und Hierarchien, wie sie in den meisten Organisationen gelebt werden, stimmen nicht nur nicht mit dem Wunsch der Mitarbeiter nach der Sinnhaftigkeit ihres Tuns überein, sondern ebenso wenig mit dem, was vollmundig proklamiert wird. Einfaches Beispiel: Eine Führungskraft fordert ihre Mitarbeiter zwar zum Mitdenken und zur Verantwortungsübernahme auf. Wenn diese dann aber mehr Eigeninitiative entwickeln, eigene Wege gehen und Ideen nicht nur kreieren, sondern eigenverantwortlich umsetzen, werden sie vom Vorgesetzten zurückgepfiffen. Die Führung lässt den Mitarbeitern keinen Raum zur Entfaltung, obwohl in den offiziellen Verlautbarungen eben genau dieser Freiraum vollmundig versprochen wird. Diese Diskrepanz gilt es zu schließen – elementare Aspekte der Haltung des Gelingens sind darum zum Beispiel das partnerschaftliche Wir-Verhältnis der Führungskräfte zu den Mitarbeitern, der respektvolle Umgang mit- und untereinander, der leidenschaftliche Einsatz in dem jeweiligen Tätigkeits- und Verantwortungsbereich mit Herzblut und Verstand sowie die Pflege der zwischenmenschlichen Beziehungen. Denn ein Unternehmen kann als ein Verbund, als ein soziales System von Menschen gesehen werden, die sich zusammengetan haben, um gemeinsam eine Aufgabe zu erfüllen, um gemeinsam eine Vision zu verwirklichen, um gemeinsam Ziele zu erreichen. In diesem systemischen Kontext erschaffen sie eine Wirklichkeit, einen Rahmen und Rahmenbedingungen, innerhalb derer sie sich bewegen, gemeinsam agieren und auch verändern. Denn Organisationen verändern sich nicht, es sind vielmehr die Menschen, die sich verändern. Und wenn der permanente Wandel zum Status quo wird, sind neue Rahmenbedingungen und Anpassungsprozesse notwendig. Rahmenbedingungen, die nicht zu den evolutionären Prinzipien passen, müssen von der Geschäftsleitung und dem Management verändert werden. Innerhalb dieser angepassten Rahmenbedingungen trägt die Führungskraft die Verantwortung, die Haltung des Gelingens zu verwirklichen.

»Führung ist zu wichtig, um sie nur Führungskräften zu überlassen.« (Oestereich, Schröder 2017, S. VI) Übertragen auf das evolutionäre

Unternehmen heißt das: Fokussierte Unternehmer- und Führungspersönlichkeiten, die ihr Unternehmen evolutionär entwickeln wollen, trauen es jeder Führungskraft und jedem Mitarbeiter zu, einen Beitrag dazu leisten zu wollen und zu können. Und sie geben ihnen dazu auch den Rahmen und die Gelegenheit. Das bedeutet nicht, über Führung und Führungsrollen zu lamentieren und Führungskräfte auf Führungsseminare zu schicken. Was wir in einem evolutionären Unternehmen brauchen, sind andere Rahmenbedingungen – Rahmenbedingungen, die Neues fordern und es ermöglichen, das Alte und Überkommene zurückzulassen. Entscheidend dabei ist, dass so viele Menschen wie möglich Verantwortung auf dem Weg zum evolutionären Unternehmen übernehmen. Im Idealfall führt im evolutionären Unternehmen jeder jeden.

 Die Haltung des Gelingens zeichnet sich dadurch aus, dass alle Mitarbeiter und Führungskräfte die Option haben, am evolutionären Prozess mitzuwirken.

Jeder übernimmt mithin Führungsverantwortung, je nach Reifegrad und Bereitschaft. Denn Zwang und Druck vertragen sich im evolutionären Unternehmen nicht mit dem Ziel, das Engagement jeder Führungskraft und jedes Mitarbeiters zu steigern, damit die evolutionäre Weiterentwicklung des Unternehmens voranschreiten kann. Die Führung muss die Voraussetzungen schaffen, die es dem einzelnen Mitarbeiter erlauben, sich im Rahmen seiner individuellen Möglichkeiten für den Transformationsprozess einzusetzen. Dabei ist es notwendig, eine Führungskultur zu etablieren, die auf Partizipation, Gleichberechtigung und hierarchieübergreifender Kommunikation auf Augenhöhe beruht, und sich von tayloristischen Strukturen zu verabschieden.

Zentrales Ziel sollte sein, dass jeder Mitarbeiter seine Potenziale optimal entfalten, seine Ressourcen nutzen und seine Stärken zur Anwendung bringen kann. Dies erfordert aufseiten der Führung ein Umdenken: Die Führungskräfte müssen Kompetenzen abgeben, Machtpositionen räumen, die Größe besitzen, loszulassen und Entscheidungsbefugnisse in die Hände der Mitarbeiter zu legen. Sie dürfen diese nicht als Reiz-Reaktions-Maschinen sehen, sondern als gleichberechtigte Partner. Das Bewusstsein über Führung und die Aufgaben von Führung muss sich wandeln – Führungskräfte müssen sich wandeln, um die zentralen Aspekte der Haltung des Gelingens umsetzen zu können.

Kommen wir zu den zentralen Entwicklungslinien der Haltung des Gelingens. Da ist zum Beispiel die Entwicklung »vom Ich zum Wir« – Partizipation ist dabei ein elementarer Bestandteil. Ein weiterer Aspekt der Haltung des Gelingens lässt sich so umschreiben: vom eindimensionalen Führungsstil hin zum flexiblen Einsatz verschiedener Führungsstile je nach Reifegrad des Mitarbeiters. Damit ist eine Führung auf Augenhöhe gemeint, bei der Entfaltungsfreiheit und die Selbstorganisation von Mitarbeitern sowie deren Einbindung bei Entscheidungen eine Rolle spielen. Bevor wir uns im zwölften Kapitel mit den »Werkzeugen des Gelingens« beschäftigen, sollen im Folgenden die Aspekte der Haltung des Gelingens näher beschrieben werden.

Die zentralen Aspekte der Haltung des Gelingens

Die aktuellen Entwicklungen stellen die Unternehmen vor gewaltige Herausforderungen. Den Verantwortlichen werden Anpassungsfähigkeit, Reaktionsschnelligkeit und ein Höchstmaß an Flexibilität abverlangt, um die Zukunftsfähigkeit sicherzustellen. Dabei kreisen die Fragen immer um das Kernthema: Wie kann ein solcher Prozess gelingen? Für die Umsetzung braucht es Werkzeuge des Gelingens (siehe Kapitel 12). Aber die Beherrschung dieser Tools ist kein Erfolgsgarant. Entscheidend ist nicht so sehr das handwerkliche Können oder eine prall gefüllte Toolbox – entscheidend für den Erfolg ist, dass Sie als fokussierte Führungspersönlichkeit die folgenden Aspekte der Haltung des Gelingens reflektieren, beachten und umsetzen.

Vom Ich zum Wir

Sorgen Sie dafür, dass es in Ihrem Verantwortungsbereich nicht mehr um das Verfolgen von Einzelinteressen geht. Was Sie verhindern sollten: dass sich jeder an seinem Machtbereich festklammert. Dass jeder sich darauf konzentriert, vor allem seine Pfründe zu sichern und seinen eng umzirkelten Machtbereich zu verteidigen. Natürlich fängt das bei Ihnen selbst an! Jeder muss bereit sein, loszulassen, Verantwortung und Zuständigkeiten abzugeben und zu teilen und die Kunst der Delegation zu nutzen, um Aufgaben zu übertragen. Entscheidend ist der Wille aller Beteiligten, die bestmögliche Bearbeitung und Erledigung der gemeinsamen Aufgabe als das primäre Ziel zu verfolgen. Dazu ist es notwendig, dass jeder bereit ist, die Perspektive zu wechseln und andere Wahrnehmungsbrillen als die eigene aufzusetzen.

»Vom Ich zum Wir« bedeutet für Führungskräfte zudem, im jeweiligen Verantwortungsbereich einen Teamspirit zu entfachen, der von dem Wir-Gefühl geprägt und getragen wird, von dem bereits die Rede war. Ihr weiterer Beitrag besteht darin, zu den Mitarbeitern eine wahrhaftige Wir-Beziehung aufzubauen. Damit ist kein Verbrüderungszeremoniell gemeint, sondern eine Nähe zwischen Führungskräften und Mitarbeitern, die Kommunikation auf Augenhöhe ermöglicht und schafft. Dabei dürfen sich Führungskräfte auch einmal verletzbar zeigen, selbst wenn sie dadurch eine Angriffsfläche bieten.

Vom eindimensionalen Führungsstil zum flexiblen Einsatz der Führungsstile

Sie kennen die Vielzahl an situativen Führungsstilen. Immer geht es dabei um das Verhältnis zwischen Aufgaben- und Menschenorientierung (siehe Kapitel 8). Im evolutionären Unternehmen ist beides wichtig. Es ist ein Merkmal der fokussierten Führungspersönlichkeit, individuell auf den jeweiligen Mitarbeiter einzugehen und den Kontext der jeweiligen Führungssituation zu berücksichtigen.

In diesem Zusammenhang hat sich in jüngster Zeit der kollaborative Führungsstil etabliert. Dieser hebt darauf ab, dass Sie eine Gruppe sehr unterschiedlicher Menschen mit verschiedenen Persönlichkeitsstrukturen, Erwartungen und Wünschen auf jeweils sehr individuelle und mitarbeiterbezogene Weise dazu bewegen, konstruktiv zusammenzuarbeiten. Der Begriff »kollaborativ« setzt sich zusammen aus dem lateinischen »co« für »zusammen« und dem lateinischen Wort für »arbeiten« (»laborare«), meint also zunächst einmal nichts anderes als »zusammenarbeiten«. Kollaborativ führen bedeutet, mit (Ziel-)Vereinbarungen und Commitment zu agieren. Die Mitarbeiter und Sie legen Vereinbarungen fest, zu denen diese ihre Zustimmung, ihr Ja-Wort, eben ihr Commitment geben. Kontrolle ist dabei nur begrenzt gewollt und möglich. Und dann gibt es auch noch den dienenden Führungsstil, bei dem sich die Führungskraft als Dienstleister der Mitarbeiter, als Beseitiger von Blockaden und Stolpersteinen versteht, die die Mitarbeiter und das Team daran hindern, ihre Aufgaben zu erfüllen.

Wenn Sie mich fragen, welche der genannten Eigenschaften den evolutionären Führungsstil prägen, so antworte ich klar und deutlich: alle ein wenig. In einem evolutionären Unternehmen meint Führung die Abwesenheit eines allein selig machenden Führungsstils. Fokussierte Führungspersönlichkeiten wissen, dass es *den* einen Führungsstil, der in jeder Situation und in jedem Kontext passt und der eine immer gültige Richtschnur für richtiges Handeln darstellt, nicht gibt. Das ist kein Plädoyer für Beliebigkeit und Willkür, sondern Ausdruck dessen, dass evolutionäres Führen vor allem auf Selbstreflexion beruht:

 Die Führungspersönlichkeit überlegt und entscheidet stets in Abhängigkeit von Situation, Person und Kontext, was konkret zu tun ist und welche Entscheidung getroffen werden sollte. Hier gilt: Reflexion geht vor Aktion.

Dabei traut der Vorgesetzte dem Mitarbeiter grundsätzlich zu, sich selbst führen zu können und Verantwortung für sich zu übernehmen. Zugleich steht er als Förderer, Berater und Begleiter zur Verfügung, etwa dann, wenn es einem Mitarbeiter nicht gelingt, die Selbstführung zu leisten. Dabei schaut sich die Führungskraft sehr genau den Einzelfall an und entscheidet wiederum in Abhängigkeit von Situation, Person und Kontext, wie es weitergehen soll. Ziel ist aber immer, weniger zu kontrollieren und mehr zu vertrauen, weniger auf starre Vorgaben zu setzen, sondern ein kooperativ-partnerschaftliches Führungshandeln zu etablieren, das den Mitarbeitern Partizipation erlaubt, aber von ihnen auch Beteiligtsein und Engagement fordert.

In evolutionären Unternehmen wird von den Mitarbeitern erwartet, dass sie sich aktiv einmischen und einbringen. Wieder gilt, dass es dabei individuelle Unterschiede zwischen den einzelnen Mitarbeitern zu berücksichtigen gibt und der Führungsstil entsprechend angepasst werden sollte. Nehmen wir den Bereich »Verbesserungsvorschläge«: Mitarbeiter, die die Haltung des Gelingens verinnerlicht haben, zeigen in der Regel ein großes Interesse daran, aktiv Verbesserungsmöglichkeiten zu entdecken und diese dann auch zu kommunizieren. Es geht zum Beispiel darum, Verschwendungsquellen zu entdecken, proaktiv mit ihnen umzugehen und Ressourcenverschwendung zu vermeiden. Ein Beispiel aus der Produktion: Ein Mitarbeiter stellt fest, dass sich durch einen einfachen Handgriff die Laufzeit am Produktionsband optimieren lässt. Eine kleine Verbesserung, die aber in der Summe viel Zeit und letztendlich Ressourcen und Geld einzusparen hilft. Der Mitarbeiter nutzt den kurzen »Dienstweg« zu seinem Team- oder Produktionsleiter, um einen entsprechenden Verbesserungsvorschlag zu unterbreiten.

Was sich so einfach anhört, bedarf der intensiven Vorbereitung: Zum einen muss der Mitarbeiter den Willen haben, eine Verschwendungsquelle und damit eine Verbesserungsmöglichkeit zu entdecken. Zum anderen muss es die Möglichkeit geben, dies rasch und unkompliziert zu kommunizieren. Und zum Dritten muss der Verbesserungsvorschlag dann so rasch wie möglich geprüft, umgesetzt und belohnt werden, damit der Mitarbeiter merkt, dass seine Aufmerksamkeit auch Folgen hat. Ähnliche Initiativen sind in fast allen Bereichen möglich, so zum Beispiel im Verkauf, wenn ein Verkäufer auf eine Möglichkeit hinweist, wie sich die Kundenzufriedenheit steigern ließe. Oder denken wir an einen Mitarbeiter aus der Administration, der einen Vorschlag zur Beschleunigung eines Verwaltungsaktes unterbreitet.

 Die Kultur des Verbesserns leistet einen Beitrag zur Haltung des Gelingens.

Dies führt auch dazu, dass Fehler und Probleme nicht verwaltet und von einer Entscheidungsebene zur anderen verschoben werden, in der Hoffnung, dass sich schon irgendwann jemand darum kümmern werde. Jeder Mitarbeiter sieht sich als Problementdecker und – noch entscheidender – als Problemlöser und Chancennutzer. Das Problem – und auch ein Fehler – wird nicht so lange durch das Unternehmen gereicht, bis sich ein Verantwortlicher findet und erbarmt, sich darum zu kümmern. Nein – derjenige, der ein Problem bemerkt, fühlt sich verantwortlich, nun auch den Lösungsprozess zumindest anzustoßen. Diese Haltung entspricht dem im siebten Kapitel angesprochenen evolutionären Prinzip der Selbstorganisation und der Selbstverantwortung.

Vom eindimensionalen Denken zum Denken in Gegensätzen

In evolutionär ausgerichteten Unternehmen herrscht das Sowohl-als-auch-Denken vor. Diese Haltung hat damit zu tun, dass man sich bewusst ist, dass jeder Mensch seine eigenen Konstruktionen der Wirklichkeit hat, in seiner eigenen Realität lebt und von seiner individuellen Wahrnehmung abhängig ist. Wer dies anerkennt, der weiß, dass es immer mehrere Wahrheiten gibt.

 Jeder konstruiert sich seine Wirklichkeit, nichts ist wirklich wirklich.

Die Überlegung, jeder Mensch lebe in seiner eigenen Realität, hat auch Eingang in ein kommunikatives Modell gefunden, das genau davon ausgeht: dass nämlich jeder von uns sich seine eigene Wirklichkeit schafft. Darum ist nicht nur entscheidend, was jemand sagt und was ein Sender aussendet, sondern auch das, was der Empfänger daraus macht, wie er es auffasst und in seine Interpretation der Welt und vor allem »seiner« Welt einfügt. Dies ist die Grundlage für Friedemann Schulz von Thuns »Vier-Ohren-Modell« oder »Nachrichtenquadrat«.

Das Vier-Ohren-Modell (in Anlehnung an Friedemann Schulz von Thun)

Die vier Ebenen der Kommunikation sind oft verantwortlich für Missverständnisse und Konflikte. Aber was hat das mit der Haltung des Gelingens zu tun? Zum einen sollte sich eine Führungspersönlichkeit darüber im Klaren sein, dass immer sowohl der Sender als auch der Empfänger für die Qualität der Kommunikation verantwortlich sind. Darum ist es wichtig, dass sie über ein Höchstmaß an kommunikativer Kompetenz und den vierfachen Empathie-Faktor verfügt, der im achten Kapitel beschrieben worden ist.

Zudem sollte eine Führungspersönlichkeit in der Lage sein, in Gegensätzen zu denken und zu handeln. Wohlwissend, dass es eine objektive Wirklichkeit, die für alle Menschen Gültigkeit besitzt, nicht gibt, gelingt es, sich von jeder eindimensionalen Denkweise zu verabschieden und Gegensätze auch einmal stehen zu lassen und auszuhalten. Vielleicht jedoch funktioniert es in einem weiteren Schritt doch noch, im Reflexionsprozess die Gegensätze miteinander zu versöhnen und einen »dritten Weg« einzuschlagen, auf dem sich die Gegensätze in einer höheren Idee aufheben lassen. Ob es sich nun um das Aushalten von Dissens handelt oder um den Willen, die Gegensätze doch noch aufzulösen: Im evolutionären Unternehmen hilft diese Art und Weise des Denkens, Hindernisse zu überwinden und Stolpersteine aus dem Weg zu räumen. Das dialektische Denken ist auf jeden Fall geeignet, mit Widersprüchen und Gegensätzen besser umzugehen. Und das ist in komplexen Transformationszeiten hilfreich, um dennoch zielgerichtet die evolutionäre Weiterentwicklung in Angriff zu nehmen.

Von der Haltung des Gelingens zu den Werkzeugen des Gelingens

Es gibt heute kaum ein Unternehmen, welches nicht durch die geschwindigkeitsgetriebenen, atemraubenden Veränderungen seines Umfeldes gezwungen ist, Veränderungs- und Transformationsprozesse einzuleiten. Diese helfen dabei, notwendigen Wandel einzuläuten und zu unterstützen. Die Haltung des Gelingens bietet dazu die erforderliche Grundlage. Es genügt aber nicht, diese Haltung aufzubauen – hinzu kommen müssen umsetzungsorientierte und erprobte »Werkzeuge« oder »Tools des Gelingens«, mit denen sich die Veränderungs- und Transformationsprozesse verwirklichen lassen und Wandel gestalten lässt. Und damit sind wir auf der Reise zum evolutionären Unternehmen beim letzten Kapitel des zweiten Buchteils angelangt.

Die Haltung des Gelingens: Das Wichtigste im Überblick

❋ Evolutionäre Entwicklung gelingt mit der »Haltung des Gelingens«.

❋ Diese Haltung meint, dass jeder Mitarbeiter und jede Führungskraft potenziell in der Lage sind, Verantwortung zu übernehmen und Entscheidungen zu treffen.

❋ Die Ziele der Führungspersönlichkeit bestehen darin, Wir-Beziehungen zu gestalten und einen Führungsstil zu etablieren, der es erlaubt, situations-, personen- und kontextabhängig zu agieren.

»Die reinste Form des Wahnsinns ist es, alles beim Alten
zu lassen und zu hoffen, dass sich etwas ändert.«

ALBERT EINSTEIN

Kapitel 12

Mit den Werkzeugen des Gelingens den evolutionären Prozess gestalten

Ihr Check für die schnelle Übersicht	
Was dieses Kapitel bietet	Der evolutionäre Prozess erfordert ständige Veränderungen. Darum müssen Ihr Unternehmen, Ihre Mitarbeiter und Sie fit sein für den Change.
Fortschritte, die Sie erzielen können	Das Kapitel macht Mut, Lernerfahrungen zu durchleben, Lernarchitekturen für Veränderungsprozesse zu entwickeln und die Werkzeuge des Gelingens für die Unternehmensentwicklung einzusetzen.

Die Grundlage: Das House of Change

Die Selbstreflexion ist ein bedeutsamer Schritt auf dem Weg zur Veränderung. Evolutionäre Unternehmen, die sich den ständig wechselnden Rahmenbedingungen anpassen möchten, begeben sich auf die Ihnen bekannte achte Bewusstseinsebene (siehe Kapitel 5) und fragen sich, wo genau sie stehen und was getan werden muss, um den nächsten Entwicklungsschritt hin zu ihrem jeweiligen fundamentalen Zweck zu gehen. Zentral ist dabei, die Haltung des Gelingens aufzubauen, und zwar mithilfe der Werkzeuge des Gelingens. Die Herausforderung, vor der Sie dabei stehen, ist, dass die meisten Menschen grundsätzlich etwas gegen Veränderung haben. Konfrontiert mit dem Ungewohnten, Neuen und Unbekannten, zucken sie zurück und bevorzugen es, dann doch lieber auf den gewohnten Wegen zu bleiben.

Wie Menschen bei persönlich-individuellen Veränderungsprozessen bauen auch Unternehmen und Organisationen innere Widerstände auf, wenn es um Veränderung geht. Alle Beteiligten sollten sich verdeutlichen, dass mit jeder Transformation oder Veränderung ein Übergang, ein Wechsel, eine Bewegung hin zu etwas Positivem verbunden sein kann. Die Abbildung zeigt, dass es bei jedem Transformationsprozess zu problematischen Situationen kommt, die gelöst werden sollten, indem zum Beispiel die Widerstandskräfte optimiert, die Veränderungsbereitschaft erhöht und die Fokussierung auf die Stärken vorangetrieben wird.

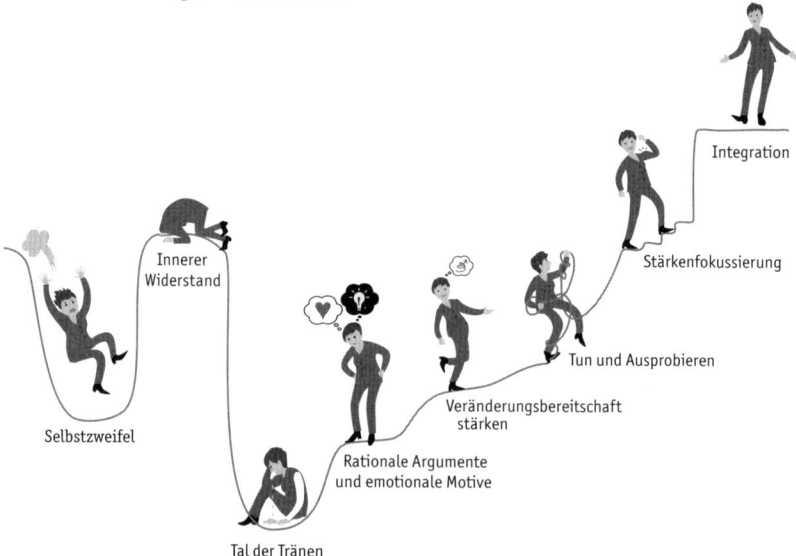

Lernkurve in Transformationsprozessen

Entscheidend ist dabei, die emotionalen Gründe und die daraus entstehenden Dynamiken zu analysieren, die zu einer Verweigerungshaltung im Transformationsprozess führen. Die Eisberg-Abbildung veranschaulicht, dass es meistens die unter der Wasseroberfläche liegenden verborgenen und daher nicht so leicht erkennbaren Phänomene wie Gefühle, Emotionen, Ängste, Einstellungen und Glaubenssätze sind, die die Ursachen für jene Verweigerungshaltung bilden.

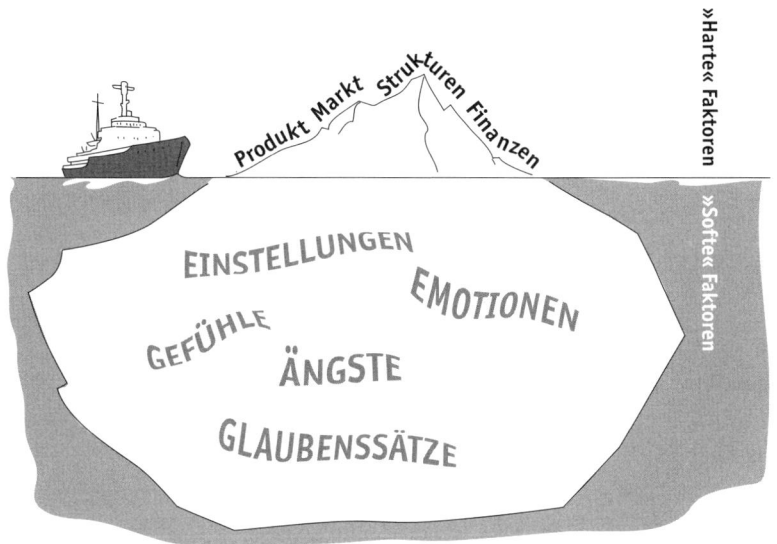

Verborgene Gründe für Verweigerung beachten

Wer diese Ursachen nicht erkennt und unberücksichtigt lässt, braucht gar nicht erst damit anzufangen, Menschen zur Veränderung bewegen zu wollen. Dies gilt auch für Gruppen, bei denen die negative Einstellung zur Veränderung gruppendynamische Prozesse nach sich zieht, die den Wandel nochmals behindern.

Wer den richtigen Hebel für den Wandel finden und betätigen will, sollte sich stets fragen:

- ❋ Welche sichtbaren Ereignisse lassen darauf schließen, dass eine Verweigerungshaltung vorliegt?
- ❋ Lassen sich dabei Muster entdecken?
- ❋ Welche mentale Haltung steckt hinter den Mustern oder Ereignissen? Lässt sich daraus ableiten, welche Einstellungen zum Aufbau einer Verweigerungshaltung führen?
- ❋ Wie gelingt es, jene mentale Haltung so zu verändern, dass der Betroffene die Verweigerungshaltung aufgibt?

Wichtig ist, stets die jeweilige Einstellung zu analysieren, die zu einer Verweigerungshaltung führt.

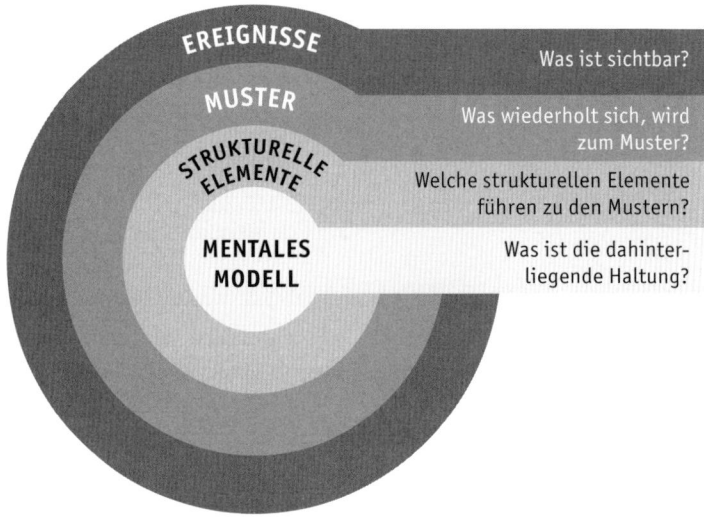

Welche mentale Haltung steckt hinter den Mustern oder Ereignissen?

Über Selbstzufriedenheit, Verweigerung und Verwirrung zu Anpassung und Erneuerung

Das *Change-House* ist ein Modell, das auf den schwedischen Wirtschaftspsychologen Claes Janssen zurückgeht und dessen Ausgestaltung ich modifiziert habe und im Folgenden »House of Change« nenne. Es umfasst vier Zimmer – die Abbildung zeigt, dass die Zimmer auf einen Blick veranschaulichen, in welchem Zustand der Transformation sich Ihr Unternehmen, Ihre Mitarbeiter oder Sie selbst befinden. Sie sollten zunächst einmal prüfen, in welchem Zimmer des House of Change sich Ihr Unternehmen, Sie und Ihre Mitarbeiter aufhalten.

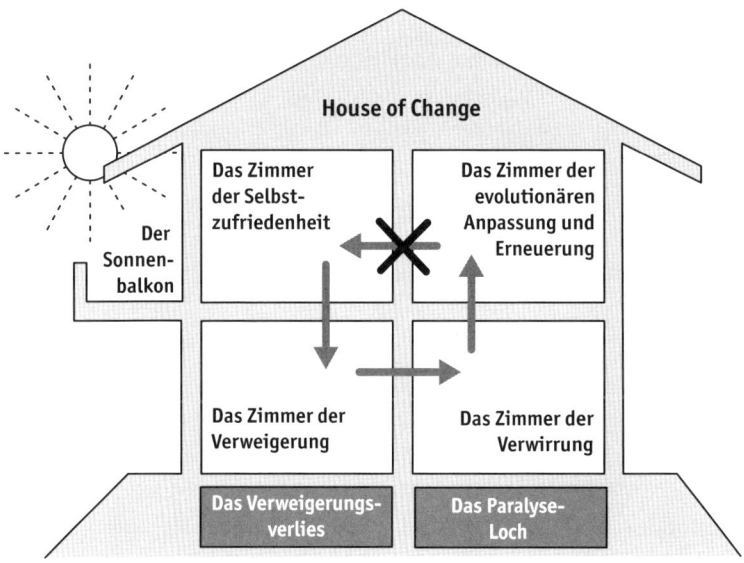

Das House of Change

 Ziel ist, in das Zimmer der evolutionären Anpassung und Erneuerung zu gelangen – und dort zu verbleiben und nicht in Selbstzufriedenheit zu verfallen.

Es hat immer wieder Marktführer und Branchenprimusse gegeben, die sich zu Dinosauriern entwickelt und Verhaltensweisen an den Tag gelegt haben, die einen Zwangsumzug in das Zimmer der Selbstzufriedenheit unumgänglich gemacht haben. »Wir sind doch Marktführer, warum sollten wir etwas verändern?« und »Das ist nur eine kurze Konjunkturkrise, unser Geschäft läuft morgen wieder optimal« sind berühmte letzte Sätze solcher Dinosaurier. Und wahrscheinlich kennen wir alle den Ausspruch »Es gibt keinen Grund, warum jemand einen Computer zu Hause haben soll«, den Ken Olson, der Chef von Digital Equipment 1977 als Replik zur Vision von Steve Jobs äußerte, der zufolge jeder Mensch einen Computer haben sollte. Die Frage ist: Wer kennt heutzutage noch Digital Equipment – und wer kennt Apple und Steve Jobs? Ken Olson hat sich auf dem Sonnenbalkon zu weit über die Brüstung gelehnt. Marktführer geraten nicht selten ins Wanken, wenn sich grundlegende Marktbedingungen wie etwa die Technologie, die Konkurrenzsituation oder die gesetzlichen Rahmenbedingungen radikal verändern. Technische Spezialisten scheinen besonders anfällig für die menschliche Schwäche der Selbstzufriedenheit zu sein, die dazu führt, dass diese Spezialisten disruptive Veränderungen auf dem technologischen Gebiet verschlafen.

Klar ist, Sie wollen das Zimmer der Selbstzufriedenheit so rasch wie möglich verlassen, selbst wenn Sie erfolgreich sind und der Aufenthalt auf dem Sonnenbalkon recht angenehm sein kann. Aber Achtung: Der Zustand der Selbstzufriedenheit ist nicht dazu geeignet, evolutionäre Anpassungsprozesse auf eine angemessene Art und Weise durchzuführen. Selbstzufriedenheit macht hochmütig, langsam und träge, sie kennt keine Demut und Bescheidenheit und auch nicht die Haltung, sich auf unbekanntes Terrain zu begeben und Neues ausprobieren zu wollen. Die Beteiligten lehnen sich lieber zurück und sonnen sich im Erfolg des Erreichten.

Aber auch der Aufenthalt im Zimmer der Verweigerung ist nicht gerade angenehm, denn hier wartet schlimmstenfalls das Verweigerungsverlies, in dem zum Beispiel die Firmen landen, deren Verantwortliche mit Aussagen wie »Das haben wir aber immer schon so gemacht«, »Mit meinen Mitarbeitern kann ich das nicht machen« und »Das bekomme ich bei den Inhabern nicht durch« ihr Totenglöckchen zum Klingen bringen. Wer den Status quo verteidigt und die Vergangenheit idealisiert, baut einen Tunnelblick auf und muss mit einer langen Verweildauer im Verweigerungsverlies rechnen, weil eine Verunsicherung um sich greift, die lähmt und jede Aktivität, das Verlies zu verlassen, im Keim erstickt.

Wer es aus dem Verweigerungsverlies herausschafft, droht im Zimmer der Verwirrung sogar in ein Paralyseloch zu fallen. In Unternehmen, die sich im Zimmer der Verwirrung befinden, ist oft ein riesiges Führungsproblem zu konstatieren. Statt sich der Problemlösung anzunehmen, wird der Ruf nach neuen Managementkonzepten laut oder es wird ein Berater nach dem anderen ins Unternehmen geholt. Der Glaube an die eigene Problemlösefähigkeit hingegen ist schwach bis gar nicht ausgeprägt. Statt mit Überzeugungskraft und visionärem Weitblick voranzugehen, Klarheit und Orientierung zu bieten und einen Überblick über das »Big Picture« zu geben, verschanzt sich die Führung hinter den Erfolgen der Vergangenheit. Leider macht sich an dieser Stelle die Vorbildwirkung bemerkbar – auch die Mitarbeiter gehen auf die Suche nach Sündenböcken und beschuldigen lieber andere, als im eigenen Verantwortungsbereich Verbesserungsoptionen aufzuspüren. Und statt vom toten Pferd abzusteigen, sollen die Reiter gewechselt werden. Oder es wird ein Arbeitskreis oder eine Projektgruppe eingerichtet, um das Pferd zu analysieren. Oft ist dann zu hören: »Wir bilden eine Task Force, um das Pferd wiederzubeleben.« Und: »Wir geben sofort eine Studie in Auftrag, um zu prüfen, ob es billigere oder bessere Pferde gibt.« Das Schlimmste, was passieren kann, ist die Entwicklung eines Motivationsprogramms für tote Pferde.

Was jetzt notwendig ist: klare Analyse durchführen, Ziele klären, Vision verdeutlichen, dabei die Mitarbeiter mitwirken lassen – das ist der Weg, der in das Zimmer der evolutionären Anpassung und Erneuerung führt. In diesem Zimmer hören die Beteiligten einander zu und sind bereit, vom anderen zu lernen. Sie akzeptieren Unge-wissheiten und sind flexibel und kreativ. Sie haben sich den Willen zur kontinuierlichen Verbesserung auf die Fahnen geschrieben und wissen, dass die Erneuerung nur möglich ist, wenn sie ihr Wissen und ihre Erfahrungen teilen und bereit sind, neue Sichtweisen ein-zunehmen.

Tipps, um aus den Zimmern aufzubrechen und mit den verschiedenen emotionalen Dynamiken umzugehen

Je nachdem, in welchem Zimmer des House of Change Sie sich be-finden, sind verschiedene Verhaltensweisen zu beobachten, die nun näher beschrieben werden. Beachten Sie dabei: Es ist nicht notwen-dig, sich von Zimmer zu Zimmer zu bewegen, um in das evolutionäre Zimmer, also in das Zimmer der Erneuerung, zu gelangen, Wenn Sie oder Ihr Unternehmen sich zum Beispiel im Zimmer der Verweige-rung befinden, heißt das nicht, dass Sie danach erst einmal in das Zimmer der Verwirrung gehen müssen. Sie können auch sofort An-strengungen unternehmen und Maßnahmen ergreifen, mit denen es gelingt, direkt in das Zimmer der evolutionären Anpassung und Erneuerung zu gelangen.

 Machen Sie sich als Führungskraft klar, wo Sie stehen. Prüfen Sie, welche Schritte notwendig sind, damit Sie die Notwendigkeit einer Veränderung akzeptieren und die erforderlichen Schlüsse ziehen können.

Um aus dem Zimmer der Selbstzufriedenheit aufzubrechen, sollten Sie erreichen, dass die Menschen die rosarote Wahrnehmungsbrille ab-nehmen und anfangen, über die Notwendigkeit von Transformation und Veränderung nachzudenken. Allerdings: Sie dürfen jetzt noch nicht erwarten, dass die Mitarbeiter akzeptieren, dass Veränderun-gen unumgänglich sind. So weit sind sie noch nicht. Darum sollten Sie:

- die üblichen Denkgewohnheiten infrage stellen und gemeinsam über den Tellerrand hinausschauen,
- eine Aufbruchstimmung erzeugen und dem Denken eine neue Richtung geben,
- die Mitarbeiter aus der Selbstgefälligkeit aufrütteln und
- Auswege aus dem Dilemma aufzeigen.

Um das Zimmer der Verweigerung verlassen zu können, sollten Sie erreichen, dass die Menschen nachdenken und akzeptieren, dass einiges verändert werden muss. Sie können jetzt noch nicht erwarten, dass die Mitarbeiter im Detail nachvollziehen können, was genau alles verändert werden muss und wie ihre jeweilige Rolle dabei ist. Wenn Sie sie jetzt überfordern, fachen Sie das Entstehen negativer Gefühle an und produzieren noch mehr Widerstand und eine Abwehrhaltung. Was Sie aber machen können, um das Zimmer der Verweigerung zu verlassen, ist:

- Zeigen Sie Respekt für das Vergangene und verzichten Sie auf Schuldzuweisungen.
- Beziehen Sie die Mitarbeiter so frühzeitig wie möglich in die Veränderungsprozesse ein.
- Antizipieren und akzeptieren Sie Widerstand als normale Begleiterscheinung des Wandels.
- Nehmen Sie sich Zeit für die Sorgen und Ängste der Mitarbeiter, um diese auszuräumen.
- Nehmen Sie die Bedenken und Sorgen der Menschen ernst und hören Sie zu.
- Erläutern Sie immer wieder das Big Picture, also das Warum und Wozu.
- Sprechen Sie mit jedem einzelnen Mitarbeiter über das Warum seines jeweiligen Verantwortungsbereichs.

Der Aufbruch aus dem Zimmer der Verwirrung fällt oft sehr schwer. Ihre Aufgabe besteht darin, den Menschen zu verdeutlichen, was genau ihre neue Rolle ist und worin ihre zukünftige Verantwortung besteht. Dabei lässt es sich selten verhindern, dass die Beteiligten von den »guten alten Zeiten« reden und ab und zu in ihre alten Gewohnheiten zurückfallen. Sie halten die Wahrscheinlichkeit dafür niedrig, indem Sie:

* wiederum das Big Picture und die Vision kommunizieren und durch Haltung Halt und Orientierung bieten,
* die Mitarbeiter die Veränderungsschritte in ihrem jeweiligen Verantwortungsbereich möglichst selbst festlegen lassen,
* den Mitarbeitern erlauben, in die Mitverantwortung zu gehen, und sie zu Experimenten ermutigen,
* die Mitarbeiter animieren, ihre Gefühle zu äußern, damit Sie Widerstand frühzeitig erkennen und konstruktiv mit ihm umgehen können,
* direktes Feedback über Ergebnisse geben und gewünschtes Verhalten belohnen und
* zugleich verdeutlichen, was sich nicht ändert, um keine falschen Erwartungen zu wecken.

Wenn Sie das Zimmer der evolutionären Anpassung und Erneuerung erreichen, wollen Sie es möglichst lange oder gar für immer bewohnen. Darum ist es notwendig, allen Beteiligten anschaulich zu erläutern, dass der Transformationsprozess niemals endet. Sie befinden sich immer auf dem Weg! Darum sollte es Ihr Ziel sein, dass die Menschen und Sie die Lust auf Veränderung nicht verlieren und immer wieder neue Energie für neue Transformationsprozesse aufbauen und mobilisieren. Aber Achtung: Sie müssen damit rechnen, dass immer wieder jemand in die Verwirrung zurückfällt oder in das Zimmer der Selbstzufriedenheit rutscht. Damit es nicht zu Rückfällen kommt, ist es wichtig, dass Sie:

* die Veränderung vorleben,
* gemeinsam mit den Mitarbeitern aus Fehlern lernen,
* das Lernen und die kontinuierliche Entwicklung der Mitarbeiter fördern,
* bei Hindernissen nicht in Aktionismus verfallen und
* ganzheitlich führen.

Wenn Sie sich im House of Change auskennen, haben Sie einen großen Vorteil: Das Modell ruft Ihnen ins Bewusstsein, dass Sie mit Veränderungen immer auch Emotionen auslösen, die ihre eigene komplexe Dynamik haben und die, wie bereits erwähnt, oftmals unter
der Oberfläche des Wassers liegen und nach oben befördert werden
müssen. Allein die Tatsache, dass diese Emotionen nicht offensichtlich sind, heißt eben nicht, dass die damit verbundenen Problemati-
ken und Dynamiken nicht vorhanden sind.

Dabei ist eine weitere Herausforderung zu beachten: Die nächste Abbildung zeigt, dass die komplexe Dynamik in einem Veränderungsprozess auch zustande kommt, weil er von verschiedenen Beteiligten zeitversetzt durchlaufen wird. Beispiel: Zunächst einmal sind die
Initiatoren des Prozesses, etwa das Topmanagement und die direkt
involvierten Mitarbeiter, beteiligt, erst danach sehen sich Personen
aus dem Middle-Management oder Mitglieder der Projektorganisa-
tion mit dem Veränderungsprozess konfrontiert. Zu guter Letzt setzt
sich ein Großteil der weiteren Mitarbeiter damit auseinander. Und
bei allen Gruppen spielen natürlich auch wieder die Emotionen eine
Rolle, auf jeder Ebene kann es zu Widerständen kommen.

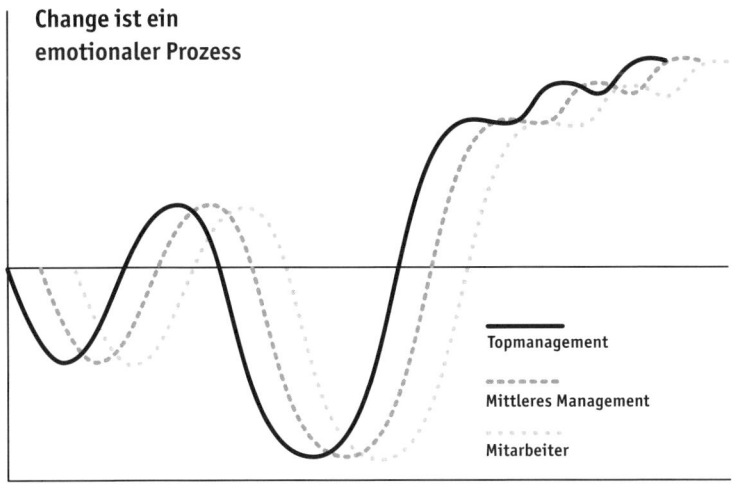

Change ist ein emotionaler Prozess

Topmanagement

Mittleres Management

Mitarbeiter

Veränderung als emotionaler Prozess

Können Sie eine Einschätzung vornehmen, in welchem Zimmer sich Ihr Unternehmen, Ihre Mitarbeiter und Sie befinden? Und können Sie erste Handlungsempfehlungen formulieren, die Ihnen helfen, in das Zimmer der evolutionären Anpassung und Erneuerung einzuziehen? Das House of Change hilft dem Führungsteam, eine gemeinsame Sicht der Herausforderungen zu entwickeln. Fragen Sie sich:

 Wo befindet sich Ihr Unternehmen zurzeit im House of Change? Und wo befinden Sie sich selbst?

Ausgewählte Werkzeuge des Gelingens

Das House of Change ist selbst ein Analysewerkzeug des Gelingens, indem es eine erste Einschätzung erlaubt, in welchem Zimmer Sie sich befinden und wie Sie in das Zimmer der evolutionären Anpassung und Erneuerung gelangen. Die Aufgabe besteht darin, eine für ein Unternehmen eigene Change-Architektur zu entwickeln und einen selbstständigen Weg zu finden. Dabei hilft Ihnen die folgende Schatzkiste, die einige der wichtigsten Werkzeuge des Gelingens enthält. Sie erhebt nicht den Anspruch auf Vollständigkeit, sondern hat zum Ziel, auf der Basis der Selbstreflexion einen Musterwechsel zu ermöglichen. Sie ist auch kein Rezeptbuch, sondern soll Führungskräfte und Mitarbeiter befähigen, die Organisation evolutionär zu entwickeln.

Die Werkzeuge mögen zum Experimentieren anregen. Haben Sie den Mut, etwas Neues auszuprobieren – das evolutionäre Prinzip des Ausprobierens kennen Sie aus dem siebten Kapitel. Kreatives Ausprobieren und inspirierendes Experimentieren führen zu nachhaltigen Lösungen und zu umfassenden Erfahrungen, denn dabei wird kontinuierlich das, was ausprobiert wird, reflektiert und auf den Prüfstein gestellt.

Neben dem House of Change gibt es weitere Analyseinstrumente – dazu später mehr. Zunächst einmal soll es um das wichtigste Werkzeug gehen, das auf dem Weg zum evolutionären Unternehmen unerlässlich ist.

Reflexionskompetenz: die evolutionäre Reflexionsschleife

»Die Selbstreflexion ist ein bedeutsamer Schritt auf dem Weg zur Veränderung« – mit diesem Satz sind wir in das Kapitel eingestiegen. Wenn wir uns an die Bedeutung der kritischen Selbstbefragung auf der achten Bewusstseinsebene erinnern, von der im fünften Kapitel die Rede war, können wir sogar sagen: Die Selbstreflexion ist der bedeutsamste Schritt auf dem Weg zum evolutionären Unternehmen. Das entsprechende Werkzeug des Gelingens ist die evolutionäre Reflexionsschleife.

Nehmen wir zur Veranschaulichung das Beispiel »Entscheidungen«: Mit »Reflexionsschleife« ist gemeint, dass Führungskräfte zurücktreten, die Bedingungen der Entscheidung aus der Distanz umfassend bedenken, hinterfragen und im Lichte der Reflexion die Vor- und Nachteile überprüfen – und dann entscheiden. Dies bedeutet auch, eine Entscheidung als einen Prozess zu sehen, mit dem die Loslösung von dem Druck möglich ist, stets den »richtigen« Entschluss fällen zu müssen. Es geht nicht um ein Richtig oder Falsch, sondern darum, die Auswirkungen einer Entscheidung zu reflektieren, miteinzubeziehen und zu beachten.

 Die evolutionäre Reflexionsschleife ist immer auch eine evolutionäre Selbstreflexionsschleife.

Ein weiteres Beispiel: Es gibt eine Entwicklung, einen Veränderungsprozess, der angestoßen wird. Sie nehmen die entsprechenden Informationen auf, treten quasi hinter diese zurück, berücksichtigen die Bedingungen der Entwicklung oder des Veränderungsprozesses und reagieren und agieren schließlich. Sie setzen mithin einen Impuls oder führen eine Aktion durch, die Sie gleichfalls hinterfragen. So entstehen mehrere hintereinandergeschaltete Reflexionsschleifen, die, selbst wenn es Rückschritte gibt, letztendlich in eine nach oben gerichtete permanente Weiterentwicklung weisen.

Und noch ein Beispiel: Es tritt ein Problem auf, Sie treten wiederum zurück, betrachten die Bedingungen und Hintergründe der Herausforderung von oben und reflektieren es kritisch – und können so Interventionen, Aktionen oder Maßnahmen in Gang setzen, die eine Problemlösung wahrscheinlicher machen.

Die evolutionäre Selbstreflexionsschleife

Mit Analyseinstrumenten zu einem soliden Fundament

Wer wissen will, wo er sich – im House of Change – befindet, benötigt eine detaillierte Ist-Analyse. Und wer den Wandel vorbereiten und sich für ihn wappnen will, muss wissen, wo er steht. Zwei Dinge sind dabei entscheidend:

❋ Sie benötigen eine Analyse des Ist-Zustandes (Ausgangspunkt), von dem aus
❋ Sie einen gewünschten Soll-Zustand (Zielbild) definieren können, etwa in Form einer Vision oder konkreter Ziele.

Wenn Ihnen dies gelingt, können Sie Ihre eigene Change-Architektur entwickeln und Ihr individuelles House of Change bauen. Ihr Zielbild, also der gewünschte Soll-Zustand, bildet dabei das Dach. Ausgehend vom Ist-Zustand lassen sich nun Hypothesen aufstellen, wie Sie zum Soll-Zustand gelangen. Legen Sie dabei die ersten Maßnahmen, die ersten »Baby-Steps« fest, die die Umsetzung ermöglichen.

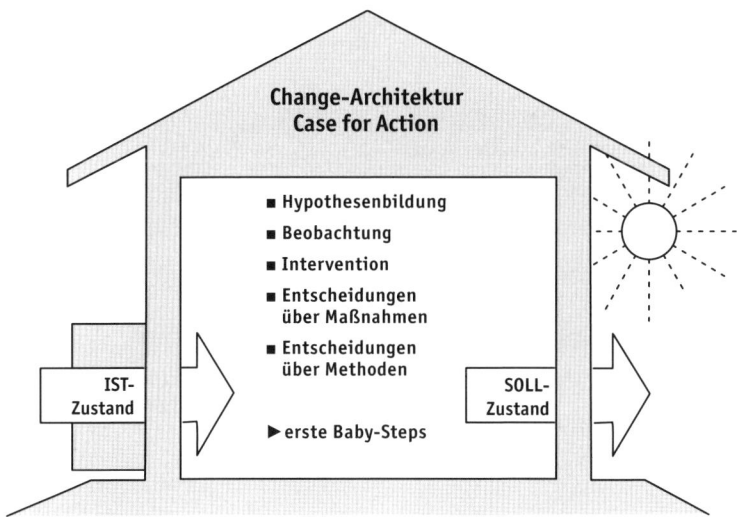

Change-Architektur – vom Ausgangspunkt zum Zielbild

Mitentscheidend bei der Analyse des Ist-Zustands ist, die kritischen Erfolgsfaktoren zu erkennen, an denen Sie ansetzen müssen, um wettbewerbsfähig zu bleiben. Dazu dienen die Instrumente der internen Unternehmensanalyse, zum Beispiel die *Balanced Scorecard* oder die *SWOT-Analyse*. Es geht primär darum, Ihre spezifischen Stärken und Schwächen, die Kernkompetenzen und Ihre unternehmensindividuellen Erfolgsfaktoren zu analysieren. Dazu zählen auch Unternehmenskulturanalysen, etwa die Beschreibung der Unternehmenskultur mithilfe narrativer Interviews – mit diesem Werkzeug gelingt es, Interviewpartner »ins Erzählen« zu bringen, um auf diese Weise Informationen zu erhalten, wie etwa Mitarbeiter die Unternehmenskultur einschätzen und bewerten.

SWOT-Analyse

Denken Sie überdies an die Analyse der Faktoren, die Ihren Erfolg am intensivsten zu be- und verhindern drohen. Hier bietet sich zum Beispiel der Einsatz der *Engpasskonzentrierten Strategie (EKS)* nach Wolfgang Mewes an. Mewes nennt vier Prinzipen, die es zu berücksichtigen gilt:

❄ Prinzip 1: Konzentration der Kräfte auf die Stärken und Abbau von Verzettelung
❄ Prinzip 2: Minimumprinzip: den Minimumfaktor (also Engpass) finden
❄ Prinzip 3: Immaterielle Werte, wie zum Beispiel Motivation und Vertrauen, sind wichtiger als materielle Werte
❄ Prinzip 4: Nutzenorientierung statt Gewinnmaximierung

Mit der EKS gelingt es, dem oder den größten Engpässen auf die Spur zu kommen, die Ihre Entwicklung zum evolutionären Unternehmen zu gefährden drohen.

Hinzu kommen verschiedene Instrumente der externen Unternehmensanalyse wie etwa die Umfeldanalyse, die Branchenanalyse, die Konkurrenzanalyse und die Kundenanalyse. Als nur ein Beispiel sei Porters Branchenanalyse genannt, die unter evolutionären Gesichtspunkten von besonderer Bedeutung ist, weil sie eine Betrachtung erlaubt, unter welchen Konkurrenzverhältnissen eine evolutionäre Entwicklung möglich ist, und dabei die Kundenstruktur (= Abnehmer) und die Produkte und Dienstleistungen, die ein Unternehmen vertreibt, berücksichtigt.

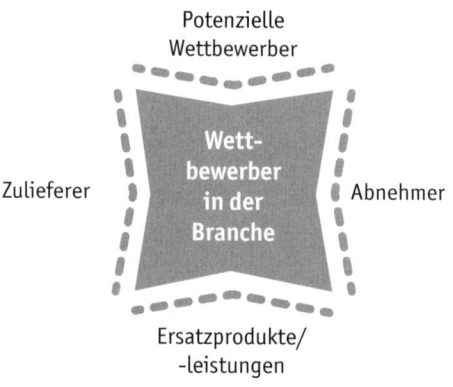

Potenzielle
Wettbewerber

Zulieferer

Wett-
bewerber
in der
Branche

Abnehmer

Ersatzprodukte/
-leistungen

Umfeld analysieren (in Anlehnung an Michael E. Porter 2013, S. 38)

Beim Einsatz der *PEST-Analyse* geht es darum, etwa in der gemeinsamen Teamsitzung mit den beteiligten Führungskräften und Mitarbeitern die Umfeldfaktoren zu untersuchen, die bei der Unternehmensentwicklung eine Rolle spielen. PEST steht dabei für

* die politischen Faktoren (**P**olitical),
* die ökonomischen Faktoren (**E**conomical),
* die gesellschaftlichen Faktoren (**S**ocial) und
* die technologischen Faktoren (**T**echnological).

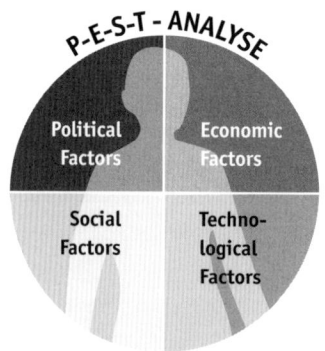

PEST-Analyse

Die Kundenanalyse, die Konkurrenzanalyse, die Analyse der Geschäftspartner sowie die Analyse der Umfeldfaktoren mithilfe von PEST fließen gemeinsam mit Ihren Überlegungen zum evolutionären Kulturwandel (siehe dazu Kapitel 4 und 6) in die Überlegung ein, wie Sie Ihr Unternehmen strategisch und strukturell so aufstellen, dass Sie dessen Zukunftsfähigkeit sichern.

Die folgende Abbildung zeigt in Anlehnung an das *St. Gallener Management-Modell*, wie sich die verschiedenen Analyseergebnisse in ein Entwicklungsmodell integrieren lassen, mit dem es möglich ist, das Unternehmen ganzheitlich zum Erfolg zu führen und den erforderlichen Veränderungen anzupassen.

Unternehmen ganzheitlich zum Erfolg führen
(in Anlehnung an Management Zentrum St. Gallen, www.sgmm.ch)

Meiner Erfahrung nach lässt sich das Zimmer der evolutionären Anpassung und Erneuerung im House of Change am besten beziehen, wenn Sie den Ist-Zustand in Ihrem Unternehmen unter die kritische Lupe der Selbstreflexion legen, um auf diesem gesicherten Fundament diejenigen Maßnahmen festzulegen und umzusetzen, die Ihnen helfen, die erforderlichen Veränderungsprozesse zu meistern.

Gewünschten Soll-Zustand (Zielbild) visionär kreieren

Um den Soll-Zustand genau benennen zu können, ist es richtig und zielführend, eine Vision oder ein klares Zielbild zu kreieren. Eine Vision ist ein von allen Beteiligten erschaffenes geistiges Bild einer möglichen und gewollten Zukunft, das sich in einer Kernbotschaft verdichtet (Kapitel 6). Zentral ist der Gedanke, dass Mitarbeiter und Führungskräfte gemeinsam ihre Werte klären und aus dem Werte-Set eine Vision und anschließend konkrete Ziele für Unternehmen, Bereiche, Abteilungen und Teams bis hin zu den einzelnen Mitarbeitern ableiten. Als Werkzeuge des Gelingens bieten sich neben dem klassischen Brainstorming auch Großgruppenveranstaltungen wie *Open Space*, das *Barcamp*, die *Zukunftskonferenz*, das *World Café* und *Appreciative Inquiry* an. All diesen Großgruppeninterventionen ist gemeinsam, dass es so gelingt, sehr viele Menschen in ein kreatives Setting einzubauen. Die Folge: Die Vision wird von einer großen Anzahl an Beteiligten getragen und unterstützt.

Kreativ sein – das ist das Stichwort für die Techniken, die im Rahmen der Visionsfindung und der Zielformulierung eingesetzt werden. Ein Beispiel ist die Zukunftslandkarte, bei der sich die Visionsentwickler von den gegenwärtigen Strukturen lösen und sich auf eine Zukunftsreise begeben, um ein Fernziel oder einen gewollten Soll-Zustand in die Gegenwart zu projizieren. Es geht mithin um eine Rückschau aus der Zukunft in die Gegenwart. So entsteht eine Zukunftslandschaft, bei der auch mögliche Trends Berücksichtigung finden. Hilfreich ist es, wenn an der Entwicklung von Zukunftslandschaften und deren Verknüpfung mit der Gegenwart Menschen beteiligt werden, die unterschiedlich »ticken« – so entstehen kreative Prozesse. Ein effektives Werkzeug des Gelingens in diesem Zusammenhang stellt die *Disney-Methode* dar.

Zukunftslandkarte erstellen

Mit der Walt-Disney-Innovationsmethode gelingt der Perspektiven-wechsel, Standpunkte werden auf den Kopf gestellt, ein Problem kann aus verschiedenen Blickwinkeln wahrgenommen werden, auch die Visionsfindung wird wahrscheinlicher. Darum eignet sich die Methode besonders für Veränderungsprozesse, bei denen mehrere Sichtweisen entwickelt werden müssen. Grundlage ist ein Rollenspiel. Jeder Teilnehmer schlüpft nacheinander in die Rolle des Träumers, des Realisten und des Kritikers. Die Beteiligten agieren auf der Grundlage ihrer jeweiligen Persönlichkeit – die Konsequenz: Weil jeder einmal Träumer, Realist und Kritiker ist, kommt es zu sehr unterschiedlichen Ergebnissen. Denn ein sicherheitsorientierter Mitarbeiter wird zum Beispiel in der Haut des Träumers ganz andere Einfälle kreieren als der risikofreudige Kollege oder ein Mitarbeiter, der vor allem Spaß, Freude und Inspirationen erleben möchte. In Mind-Maps werden die Ergebnisse festgehalten.

Im evolutionären Unternehmen ist Kommunikation alles

Die Formel in evolutionären Unternehmen heißt »Kommunikation, Kommunikation, Kommunikation«. Klar ist: Sie können Veränderungen nicht ausführlich und nicht oft genug kommunizieren, erklären, erläutern, veranschaulichen und visualisieren. Und das wird umso wichtiger, je mehr Menschen an dem Transformationsprozess beteiligt sind.

 Die Bedeutung von Kommunikation, Empathie und kontinuierlichem Feedback steigt überproportional, je mehr Mitarbeiter in den Prozess involviert sind.

Die Auswahl der verschiedenen Kommunikationskanäle spielt dabei eine zentrale Rolle. Heute erreichen wir Menschen nicht mehr ausschließlich über Briefe und E-Mails, zumindest nicht mehr alle. Denken Sie darum über Video-Blogs, Company Meetings und weitere interne Kommunikationskanäle nach und berücksichtigen Sie dabei die kommunikativen Gewohnheiten und Vorlieben der Mitarbeiter. Wenn Sie Ihre Mitarbeiter für die Veränderung und das Neue begeistern wollen, helfen weder eine einmalige Kick-off-Veranstaltung noch eine Betriebsversammlung oder eine Road-Show weiter. Vielmehr ist es notwendig, mit hoher kommunikativer Kompetenz den kontinuierlichen Kontakt mit den beteiligten Menschen aufrechtzuerhalten. Dabei gilt: Ein Zuviel an Kommunikation gibt es nicht.

Eine besondere Bedeutung kommt dabei dem evolutionären Prinzip des Fragens zu (vgl. Kapitel 7). Zur kommunikativen Standardausrüstung gehört überdies die wertschätzende Kommunikation, die Gespräche auf Augenhöhe anstrebt und durch einfühlsam-aktives Zuhören und dezidierte Fragetechnik überzeugt, womit es gelingt, sich in die Vorstellungswelt des Gesprächspartners zu versetzen. Ziel sind die Kommunikation von Mensch zu Mensch, von Subjekt zu Subjekt, bei der nicht übereinander, sondern miteinander gesprochen wird, und der konstruktive Dialog, der allen Beteiligten die Freiheit lässt, die jeweiligen Ansichten argumentativ und emotional zu begründen. Entscheidend ist der gemeinsame Wille, dass das beste Argument siegen soll und die Position der Teilnehmenden keine Rolle spielt.

Ein weiteres wichtiges kommunikatives Werkzeug des Gelingens ist das Feedback, bei dem der Dreiklang von Zuhören, Verstehen und Kommunizieren entscheidend ist. Dabei hat das Feedback in zweierlei Hinsicht eine zentrale Bedeutung: Zum einen sind Sie in der Lage, dem jeweiligen Gesprächspartner förderliche und konstruktive Rückmeldung zu geben, die zum Beispiel den Mitarbeiter dabei unterstützt, Verhaltensweisen zu entwickeln, mit denen er seine Aufgaben optimal ausführen kann. Sie haben diese Feedbacktechnik bereits unter dem Stichpunkt »Feedforward« kennengelernt.

Zum anderen umfasst Ihre Feedback-Kompetenz die Bereitschaft, von anderen Menschen Feedback einzufordern und abzufragen. Evolutionär denkenden und agierenden Führungskräften ist es wichtig, ein umfassendes und ganzheitliches 360-Grad-Feedback zu erhalten, also hilfreiche Rückmeldungen von Mitarbeitern und Kollegen, aber auch von der eigenen Führungskraft, der Geschäftsleitung und Kunden. Hilfreich bei Führungskräften ist überdies das Feedback durch einen Coach, der ihnen unabhängig Rückmeldung geben kann. Gerade für Führungskräfte der oberen Managementebene ist es aufgrund ihrer Position oft schwierig, ein ehrliches unternehmensinternes Feedback zu bekommen.

Sie können sich Feedback aktiv einholen, indem Sie lösungsorientierte Fragen stellen. Dann ist die Wahrscheinlichkeit größer, dass Sie von in der Hierarchie über oder unter Ihnen stehenden Menschen konstruktive Antworten erhalten. Mögliche lösungsorientierte Fragen sind: »Was ist in meinem Verantwortungsbereich gut gelaufen? Was hätte auch schiefgehen können? Haben Sie Verbesserungsvorschläge für mich?« Vorteilhaft bei Fragen wie »Haben Sie Verbesserungsvorschläge für mich?« ist, dass ein Mitarbeiter seine Kritik an Ihnen, seiner Führungskraft, positiv und in einen Verbesserungsvorschlag gekleidet formulieren kann. So ist er eher bereit, sich kritisch zu äußern.

Für den umgekehrten Fall – wenn Sie als Feedbackgeber auftreten – ist es zielführend, kein Feedback zu geben, das der Angesprochene als Angriff verstehen könnte. Nutzen Sie vor allem Ich-Botschaften, um ein Verhalten, das Sie selbst beobachtet und wahrgenommen haben, in seinen konkreten Auswirkungen zu beschreiben. Während Du-Botschaften rasch den Eindruck erwecken, man wolle den Gesprächspartner zurechtweisen oder sich über ihn erheben, haben Ich-Botschaften den Vorteil, die eigene Beobachtung zur Diskussion zu stellen: »Ich habe mir überlegt, inwiefern auch Ihr Verhalten, den Kollegen in der Teamsitzung ständig zu unterbrechen, zu dem Konflikt beigetragen hat. ... Ich habe zudem bemerkt (= wahrgenommenes Verhalten), dass dieses Verhalten für Unruhe im Team sorgt, weil es uns Zeit kostet. Wie können wir das ändern? Mein Wunsch und auch meine Erwartung ist, dass Sie sich zukünftig an unsere Spielregel halten, jeden ausreden zu lassen.« Damit benennen Sie ein diskussionswürdiges Verhalten, bringen zum Ausdruck, welche Wirkung das Verhalten auf die Gruppe und Sie hat, und stoßen eine Lösung an. Eventuell sollten Sie ein Feedbackgespräch vereinbaren, um zu analysieren, ob die gewünschte Verhaltensveränderung auch tatsächlich erfolgt ist.

Die Abbildung visualisiert den Zusammenhang zwischen Wahrnehmung, Wirkung und Wunsch:

Wahrnehmung
Was habe ich gesehen?

Wirkung
Welche (Aus-)Wirkung hat es auf mich?
Welche Gefühle werden ausgelöst?

Wunsch
Was wünsche ich mir in Zukunft?
Was erwarte ich?

Wahrnehmung, Wirkung und Wunsch

Setzen Sie zudem Feedforward-Techniken ein, bei denen Sie Ihr Feedback in eine Frage kleiden:

❊ Sagen Sie also nicht: »Ihnen ist ein Fehler unterlaufen, Sie sollten demnächst besser aufpassen«, sondern fragen Sie: »Wie können Sie es vermeiden, diesen Fehler nochmals zu machen?«
❊ Statt zu sagen »Wir müssen in Zukunft unsere Teamarbeit verbessern und Konflikte besser lösen«, fragen Sie: »Welche Maßnahmen helfen uns, die Zusammenarbeit zu fördern?«

 Beleben Sie Ihre Feedback-Kompetenz, indem Sie lösungsorientierte Fragen und Feedforward-Fragen einsetzen.

Eine besondere Feedback-Art ist das *Survey-Feedback*. Dabei werden Mitarbeiterbefragungen und Vorgesetztenbeurteilungen genutzt, um sinnvolle Veränderungsprozesse zu definieren. Die Ergebnisse von Mitarbeiterbefragungen zum Beispiel werden in aufbereiteter Form an die Befragten zurückgegeben, damit die Mitarbeiter sie nutzen können, um Verbesserungs- und Veränderungsvorschläge zu unterbreiten.

Das Lernen ermöglichen und gestalten

Lernende Unternehmen haben die besten Chancen, sich zu evolutionären Organisationen zu entwickeln. Evolutionäre Unternehmen sind lernende Unternehmen. Es ist in ihrer DNA verankert, Werkzeuge zu installieren und einzusetzen, die das kreative und innovative Lernen nicht nur ermöglichen, sondern unumgänglich machen. Dazu gehört, mögliche Hindernisse und Blockaden zu erkennen und auf die Seite zu schaffen – zum Beispiel durch die Kraftfeldanalyse.

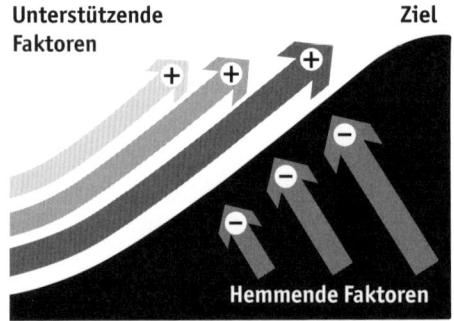

Unterstützende Faktoren

Ziel

Hemmende Faktoren

Kraftfeldanalyse durchführen

Bei der *Kraftfeldanalyse* handelt es sich um ein Werkzeug, mit dem Sie die Faktoren analysieren, die Sie hemmen beziehungsweise bei Ihrer Zielerreichung fördern und unterstützen. Sie zeigt an, welche förderlichen Faktoren Sie mit Ihrer Umsetzungsenergie kräftigen und welche Faktoren Sie ausmerzen sollten. Das Vorgehen ist denkbar einfach: Sie erstellen eine Liste mit Plus- und Minuspunkten und versehen diese Punkte mit einem Ranking, setzen mithin Prioritäten: Welche der Pluspunkte wollen Sie in Zukunft stärken, welche der Minuspunkte hingegen zeitnah bekämpfen?

Mithilfe der Pluspunkt- und Minuspunkt-Hitparade legen Sie einen Umsetzungsplan fest und bestimmen, welche Maßnahmen Sie ergreifen wollen und müssen, um zum Beispiel eine lernhemmende Blockade endgültig aus dem Weg zu räumen. Halten Sie im Umsetzungsplan fest, welche Aktionen Sie wann und wie und mithilfe welcher Ressourcen ergreifen werden, um die positiven Einflüsse zu fördern und zu stärken. Legen Sie überdies für jeden hemmenden Faktor fest, wie Sie zukünftig damit umgehen wollen.

Was ist das Ziel?	Was ist das Problem?
Faktoren, die die Zielerreichung fördern:	Faktoren, die der Zielerreichung entgegenstehen:
_____	_____
_____	_____
_____	_____
Die drei wichtigsten fördernden Faktoren sind:	Die drei wichtigsten hemmenden Faktoren sind:
_____	_____
_____	_____
_____	_____
Die Maßnahmen, die die fördernden Faktoren verstärken, sind:	Die Maßnahmen, die die hemmenden Faktoren verstärken, sind:
_____	_____
_____	_____
_____	_____

Fördernde und hemmende Faktoren bearbeiten

Der Erfolg einer Kraftfeldanalyse hängt sehr von der Visualisierung ab. Arbeiten Sie die zwei Listen schriftlich aus, etwa auf dem Flip-Chart, und fassen Sie die Konsequenzen in einer To-do-Liste zusammen, die Sie mit einem Zeitplan versehen.

 Wichtig ist, immer wieder Rückschau zu halten und in die Analyse zu gehen, um die nächsten Veränderungs- und Umsetzungsschritte auf solider Basis planen zu können.

Was uns in einem lernenden Unternehmen so gut wie nie begegnet, sind Meetings der klassischen Art, in denen eine Gruppe von Menschen zusammensitzt und danach Äußerungen zu hören sind wie »Viel Gerede um nichts« oder »Jetzt können wir endlich wieder arbeiten«. Die Meetingkultur im evolutionären Unternehmen baut darauf auf, dass mithilfe eines Moderators nicht alle, aber die meisten Meetings und Teamsitzungen unter den folgenden Prämissen ablaufen:

- ❋ Das Thema des Meetings wird im Vorfeld exakt bestimmt und formuliert.
- ❋ Der Moderator formuliert seine Erwartungen im Detail. Er nimmt die Teilnehmer in die Pflicht, um aus gelangweilten, konsumierenden Zuhörern gestaltende Akteure zu machen.
- ❋ Nur diejenigen Führungskräfte und Mitarbeiter werden eingeladen und nehmen an dem Meeting teil, die zu dem Thema etwas zu sagen haben.
- ❋ Die Teilnehmer werden so gebrieft, dass sie sich punktgenau auf die Sitzung vorbereiten können.
- ❋ Es gibt Spielregeln, die insbesondere den Umgang miteinander klären und auf Respekt und Wertschätzung beruhen.
- ❋ Jeder kann und soll seine Meinung äußern, jedoch bei Kritik und Einwänden muss immer zugleich ein Verbesserungsvorschlag mitgeliefert werden – notorische Neinsager haben so keine Chance mehr, es gelten nur noch begründete Einwände.
- ❋ Entscheidungen werden in der Regel nach dem Mehrheitsprinzip getroffen.

Wiederum gilt, dass Sie auch im Rahmen der Meetingkultur prüfen sollten, welche Verbesserungsmöglichkeiten existieren. Dazu hat es sich bewährt, jeweils am Ende des Meetings oder der Teamsitzung im Rahmen einer Meta-Kommunikation vor dem Hintergrund der Unternehmenswerte oder der vereinbarten Führungs- oder Kommunikationsleitlinien kurz zu analysieren, was gut und was weniger gut oder gar schlecht gelaufen ist. Jeder Teilnehmer gibt ein Statement ab, aus deren Gesamtheit Verbesserungsvorschläge abgeleitet werden. So entsteht ein gemeinsamer kontinuierlicher Verbesserungsprozess.

Meetingkultur etablieren

Hilfreich ist zudem das *Action-Learning*, also das Erfahrungslernen, bei dem die authentischen Erfahrungen der unmittelbar betroffenen Führungskräfte und Mitarbeiter im Vordergrund stehen, weil die Geschäftsleitung der Meinung ist, dass sich Menschen primär dann weiterentwickeln und lernen, wenn sie eigene Erfahrungen sammeln dürfen. Diese Erfahrungen sollen sie aber auch weitergeben können.

 In evolutionären Organisationen spielt der Netzwerkgedanke eine wesentliche Rolle.

Das Netzwerken beginnt bei Lerntandems, die unter unterschiedlichen Bedingungen zusammengestellt werden können. So ist es möglich, dass ein alter Hase und ein Jungspund kooperieren. Oder ein Digital Native arbeitet mit einem im Umgang mit den modernen Kommunikationsmitteln eher unerfahrenen oder gar skeptischen Kollegen zusammen. Das Prinzip ist immer, dass Menschen im Tandem interagieren, deren Erfahrungswelten weit auseinanderliegen, sodass sie voneinander lernen können. Darüber hinaus gibt es unternehmensinterne Netzwerke, die den beruflich-fachlichen, aber auch den sozial-persönlichen Austausch fördern sollen. Dies trägt dazu bei, einen Teamspirit entstehen zu lassen – Sie sollten alle verfügbaren Optionen nutzen, um mit diesen Werkzeugen des Gelingens den Zusammenhalt zu stärken. Nutzen Sie dabei den sogenannten Medici-Effekt, der darauf zurückgeht, dass die Familie Medici bereits im 15. Jahrhundert den Wert des Netzwerkdenkens erkannte und die ersten Netzwerke initiierte. Die Familie brachte Menschen aus unterschiedlichen Bereichen zusammen, dazu gehörten Wissenschaftler, Schriftsteller, Künstler, Architekten und Philosophen. Führungskräfte sollten zu Gestaltern der Kommunikationsräume im Unternehmen werden und dazu das unterschiedliche vorhandene Know-how nutzen, indem sie zum Beispiel Menschen in Großgruppenkonferenzen vernetzen und bereichsübergreifende Teams zusammenstellen, die aus höchst heterogenen Menschen bestehen. Aus der Vielfalt der Perspektiven, Meinungen, Persönlichkeiten, Werte, Normen, Kompetenzen und Interessen kann etwas kreatives Neues erwachsen.

 Für evolutionäre Unternehmen ist Diversity eine Grundhaltung und nicht nur eine politische Worthülse. Sie sind überzeugt, dass Diversity eine Quelle für kontinuierlichen Wandel und Zukunftsfähigkeit ist.

Gemeinsamkeiten aktiv herbeiführen

Durch Gemeinsamkeiten die Unternehmenskultur stärken – das ist der Grundgedanke. Wenn es also eine Wertebasis, ein Werte-Set, eine Vision gibt: Warum dies nicht in eine Geschichte kleiden, in ein Bild fassen, mit Metaphern umschreiben und dazu eine Change-Story entwickeln! Beim Storytelling wird die Darstellung eines Unternehmens für die Mitarbeiter, die Kunden und die Öffentlichkeit in unterhaltsame und zugleich einprägsame repräsentative und inspirierende Geschichten gefasst, die etwa die Entstehungsgeschichte, den fundamentalen Zweck, den Sinn und die Persönlichkeit eines Unternehmens spielerisch auf den Punkt bringen.

Die Aufgabe besteht darin, diese Geschichten, die den Geist und die Seele des Unternehmens repräsentieren, in Anlehnung an authentische Geschehnisse zu kreieren. Wenn ein wichtiger Wert Ihrer Vision zum Beispiel die Innovation ist, könnten Sie überlegen, in welchem Erlebnis des Gründers sich der Gedanke und der Wert der Innovation spiegeln ließe. Zudem gibt es die Variante, die Mitarbeiter in den Prozess zu integrieren und sie zu fragen, was ihnen an *ihrem* Unternehmen lieb und heilig ist.

Zukunft erlebbar machen

Viele der bisher in diesem Kapitel beschriebenen Werkzeuge des Gelingens haben mit der Zukunftsgestaltung des evolutionären Unternehmens zu tun. Der Versuch, für längere Zeit oder gar für immer das Zimmer der evolutionären Anpassung und Erneuerung zu beziehen, die Visionsfindung, die auf Weiterentwicklung ausgerichteten Lernprozesse, die gemeinschaftsstiftenden Erlebnisse – stets geht es (auch) darum, ein motivierendes Zukunftsbild zu gestalten, für dessen Verwirklichung sich die Menschen mit Herzblut und Leidenschaft engagieren. Darum setzen evolutionäre Unternehmen Werkzeuge ein, mit denen Zukunft wahrhaftig erlebbar wird.

 Entwickeln Sie Szenarios, mit denen Sie den Menschen verdeutlichen, wohin die evolutionäre Abenteuerreise sie führt.

Bei der Kreation motivierender Zukunftsbilder helfen Werkzeuge wie die *Szenario-Technik* und die *TPC-Matrix*. Sie sind Versuche, Szenarien der unternehmerischen Zukunft darzustellen, wobei auch mögliche Brüche und gegenwärtig kaum einzuschätzende oder vorhersehbare Veränderungen Berücksichtigung finden können, etwa der überraschende Markteintritt eines neuen Konkurrenten. Jürgen Fleig (2017) betont, dass die acht Schritte der Szenario-Technik vor allem helfen, »Signale (zu) erkennen, die einen Eindruck vermitteln, was in Zukunft passieren kann«. Dazu zählt er zum Beispiel

Marktentwicklungen, Veränderungen auf der Kundenseite, technologische, soziale, politische und gesellschaftliche Trends, den Einfluss ökologischer Veränderungen und die Entwicklungen in der Branche und aufseiten der Wettbewerber. In eine ähnliche Richtung weisen Planspiele, mit denen sich auch im kleineren Kreis mögliche unternehmerische Zukünfte visualisieren und simulieren lassen.

Um durch gemeinschafts- und sinnstiftendes Agieren ein Bild der Zukunft zu malen, bietet es sich an, ein »evolutionäres Handbuch« zu erstellen. In diesem Handbuch werden die Zielsetzung und die Aktionen, die zum evolutionären Unternehmen und zum Einzug in das Zimmer der evolutionären Anpassung und Erneuerung führen, notiert und beschrieben.

Vergessen Sie aber auch nicht, sich bei Gelegenheit auf die eigenen Schultern zu klopfen und sich für das Erreichte zu loben und zu feiern. Das entsprechende Werkzeug des Gelingens dazu könnte »Denk-Tag« oder »Reflexions-Tag« heißen. Reflexion fängt mit der Selbstreflexion und Selbsterneuerung an. Reflexion (lateinisch »reflexio«) heißt »zurückbeugen« und meint das prüfende Nachdenken über das eigene Handeln und die eigenen Erfahrungen. Gemeint ist mithin nicht ein Wellnesstag im Spaßbad, sondern eine Auszeit – inklusive Internet-Abstinenz – und eine Zeit der Ruhe und Muße. Darum: Sorgen Sie dafür, dass an diesem Tag keine anderen wichtigen Termine anstehen und Ablenkungen möglichst ausgeschlossen werden. Gehen Sie gemeinsam mit den Mitarbeitern in die Selbstreflexion. Das schafft neue Motivation für den nächsten Transformationsprozess.

Die Werkzeuge des Gelingens: Das Wichtigste im Überblick

✵ Ziel ist, mithilfe der Haltung und der Werkzeuge des Gelingens im House of Change das Zimmer der evolutionären Anpassung und Erneuerung zu beziehen.

✵ Das wichtigste Werkzeug des Gelingens ist die evolutionäre Reflexionsschleife. Entscheidend sind der Wille, die Bereitschaft und die Fähigkeit der ständigen Hinterfragung dessen, was die Führungspersönlichkeit macht und entscheidet. Dabei spielt die Selbstreflexion eine zentrale Rolle.

✵ Aus der Analyse des Ist-Zustandes und der Kreation eines gewünschten Soll-Zustandes werden Umsetzungsmaßnahmen abgeleitet.

✵ Evolutionäre Unternehmen sind lernende Organisationen mit hoher Kommunikationskompetenz und ausgeprägter Zukunftsorientierung.

TEIL III

So bleibt es lebendig!

Auf dem Weg hin zum evolutionären Unternehmen sollten Sie Ihre Gestaltungskraft stabilisieren und erhalten, um potenzielle Rückschritte zu vermeiden und Stolpersteinen ausweichen zu können. Haben Sie sich schon einmal gefragt, welche größten Hindernisse Ihrer Entwicklung zum evolutionären Unternehmen im Weg stehen könnten? Um diesen Blockaden auf die Spur zu kommen, lohnt sich der Einsatz einer Kreativitätstechnik, nämlich der Umkehrtechnik.

❄ Sie brainstormen im kreativen Kreis und bringen mit einer provokanten Fragestellung die Gehirnzellen der Teilnehmer auf Trab: »Wie gelingt es uns rasch, zuverlässig und nachhaltig, die Entwicklung zum evolutionären Unternehmen zum Scheitern zu bringen?«

❄ Allein die außergewöhnliche Fragestellung führt in der Regel zu einer langen Liste mit möglichen Gründen für das Scheitern des evolutionären Weges.

❄ Im nächsten Schritt muss es darum gehen, wirksame Gegenmaßnahmen zu kreieren und zu ergreifen.

Im dreizehnten Kapitel zeige ich Ihnen Gründe des Scheiterns auf und gebe Ihnen Hinweise und Tipps, wie Sie es verhindern zu scheitern. Nutzen Sie das Zehn-Schritte-Programm, um die Entwicklung zum evolutionären Unternehmen in Gang zu setzen.

Kapitel 13

Stolpersteine auf dem Weg zum evolutionären Unternehmen umgehen

Ihr Check für die schnelle Übersicht	
Was dieses Kapitel bietet	Es gibt Fehler, die verlässlich dazu führen, dass der evolutionäre Prozess scheitert. Aber natürlich lassen sich diese Hindernisse überwinden.
Fortschritte, die Sie erzielen können	Sie erfahren, wie Sie Fehler und Stolpersteine vermeiden und die Kraft der Evolution mit einem Zehn-Schritte-Programm aufbauen.

Gründe für das Scheitern

Nicht jedes Unternehmen schafft es, sich zu einer evolutionären Organisation zu entwickeln. Und nicht jedem Unternehmen scheint der evolutionäre Kulturwandel nachhaltig zu gelingen: Es gibt zahlreiche Hindernisse, Blockaden, Stolpersteine, Fehler- und Störquellen – die Gründe für das Scheitern sind ebenso vielfältig und individuell wie die Unternehmen selbst. Trotzdem: Nach meiner Beobachtung gibt es Fehler, die sich auffällig häufen. Wer diese Quellen eines möglichen Scheiterns kennt, kann rechtzeitig Vorsorge treffen, um nicht zu den aussterbenden Unternehmen zu gehören.

Fehler 1: Sie liefern sich dem Motiv des gegenwärtigen Augenblicks aus

Kennen Sie die Lohhausen-Studie? Dabei geht es um ein Forschungsprojekt des Wissenschaftlers Dietrich Dörner aus den Jahren 1975 bis 1981 an der Universität Bamberg. Dörner ging der Frage nach, inwiefern Menschen der angemessene Umgang mit Vielfalt, Mehrdimensionalität und Komplexität möglich ist. Bei dem Experiment hatten die Teilnehmer die Aufgabe, das Amt eines Bürgermeisters der im Computer simulierten Stadt »Lohhausen« zu übernehmen (Dörner 1994). Zehn Jahre lang hatten sie – natürlich fiktiv! – diktatorische Vollmachten und konnten jede Entscheidung treffen, die ihrer Meinung nach dem Wohl der Lohhausener Bürger diente. Die Aufgabe umfasste über 2000 dynamische Variablen, die sich gegenseitig beeinflussten. Einigen »Bürgermeistern« gelang es tatsächlich, Lohhausen zu einer prosperierenden Stadt zu entwickeln, wirtschaftlich und sozial. Die meisten Teilnehmer jedoch scheiterten recht kläglich und trieben das fiktive Städtchen ins Chaos und den Ruin. Als Grund für das Scheitern machte der Wissenschaftler das *Prinzip der Überwertigkeit des aktuellen Motivs* aus. Was heißt das?

Nun – vor allem die Sorge um gegenwärtige Fehlentwicklungen hatte die »Bürgermeister« daran gehindert, zukünftige Entwicklungen gedanklich vorwegzunehmen. Als kurzfristig denkendes Mängelwesen ist der Mensch anscheinend nur schwer in der Lage, sich von der Fokussierung auf das gegenwärtige Problem zu befreien und zukünftige Entwicklungen vorauszuberechnen. Unser Umgang mit Vielfalt und Komplexität lässt zu wünschen übrig, deshalb fällt es vielen Unternehmern und Führungskräften schwer, in evolutionären Veränderungsprozessen konstruktiv zu agieren. Wir klammern uns allzu sehr am gegenwärtigen (operativen) Motiv fest und werden »Opfer« unserer Bequemlichkeit und Gewohnheit.

 Verantwortungsträger und Entscheider müssen die Kompetenz zum strategischen Weitblick entwickeln und fähig sein, verschiedene Sichtweisen einzunehmen und zu reflektieren.

Aber Achtung: Der Reflexion und der Betrachtung etwa einer Veränderung aus mehreren Blickwinkeln müssen Entschlüsse und Handlungen folgen. Reflexion muss in Umsetzung münden. Dazu ist es notwendig, sich von der kurzfristigen Ergebnisorientierung zu lösen, um das langfristige evolutionäre Überleben des Unternehmens in den Mittelpunkt zu rücken. Es gilt, Strategien für den Umgang mit unerwarteten Entwicklungen zu entwerfen und auch das »eigentlich« Unmögliche zu bedenken und einzuplanen. Allerdings: Es kann immer auch ganz anders kommen als geplant. Letztendlich müssen Verantwortungsträger und Entscheider damit umzugehen lernen, dass sie nichts wissen – zumindest nicht hundertprozentig.

Das Entwickeln von Ambiguitätstoleranz erleichtert den Umgang mit schwierigen Situationen. In Kapitel 4 haben Sie bereits erfahren, dass es dabei um die Fähigkeit geht, Vieldeutigkeit und Unsicherheit zur Kenntnis zu nehmen und auszuhalten sowie Interaktionen führen zu können, ohne dabei aggressiv zu reagieren. Mit einer hoch ausgeprägten Ambiguitätstoleranz gelingt es, Irritationen in produktiver Weise zu bewältigen.

Fehler 2: Sie trauen den Menschen die evolutionäre Entwicklung nicht zu

Wenn Sie unbedingt scheitern wollen, sollten Sie die beteiligten Menschen außen vor lassen, ihnen nichts zutrauen und sie unvorbereitet auf die evolutionäre Entwicklung loslassen. Im siebten Kapitel haben wir uns bereits mit dem evolutionären Prinzip der Selbstorganisation und der Selbststeuerung beschäftigt. Auf dem Entwicklungsweg zum evolutionären Unternehmen wird oft der Fehler begangen, den Menschen einen zu geringen Grad der Selbstorganisation zuzutrauen, aus der Angst heraus, Verantwortung abzugeben und die Betroffenen zu beteiligen. Führungskräfte trauen ihnen zu wenig zu oder meinen, es besser zu können. Oder, genau umgekehrt, der Selbstorganisationsgrad wird zu hoch angesetzt, ohne die Menschen darauf vorzubereiten und entsprechende Strukturen vorzugeben.

Es ist dringend notwendig, personenbezogen und individuell vorzugehen und sich sehr genau anzuschauen, auf welchem Stand der Entwicklung jeder einzelne beteiligte Mitarbeiter ist: Wer braucht Unterstützung und wer nicht? Wer muss erst (welche) Fähigkeiten aufbauen und trainieren, die es ihm ermöglichen, selbstorganisierend zu handeln? Auch muss die Unternehmensleitung den Mitarbeitern die entsprechenden Instrumente und Strukturen an die Hand geben, die es ihnen erlauben, selbststeuernd zu handeln.

 Selbstorganisation und Selbststeuerung funktionieren nicht ohne Strukturen. Entscheider stehen in der Verantwortung, die Voraussetzungen zu schaffen, dass evolutionäre Entwicklung im Allgemeinen und Selbstorganisation und Selbststeuerung im Besonderen möglich sind und gelingen können.

Fehler 3: Sie überlassen unbeteiligten Akteuren das Heft des Handelns

Evolutionärer Kulturwandel ist zum Scheitern verurteilt, wenn Unternehmer und Führungskräfte nicht bereit sind, sich zu Regisseuren und Akteuren der Veränderung zu entwickeln. Allzu oft tendieren die Verantwortlichen dazu, sich allein dem operativen Geschäft zu widmen und strategische Überlegungen und auch die Entwicklung der Mitarbeiter an externe Dienstleister zu delegieren. Wenn aber notwendige Veränderungsprozesse durch Externe erläutert und in

Gang gesetzt werden, wird eine Trennwand eingezogen, die verhindert, dass sich zwischen den Führungskräften und den Mitarbeitern eine reflektierende Beziehung aufbauen kann. So entsteht gerade in einer Situation, in der Führungskräfte Handlungs- und Umsetzungsverantwortung übernehmen müssten, ein Verantwortungsvakuum, das dann von Externen gefüllt wird.

Es darf nicht sein, dass Unternehmen ihre Verantwortung dem Mitarbeiter gegenüber abgeben. Vielmehr ist es notwendig, sich als Entscheider seiner Vorbildfunktion und Vorbildwirkung bewusst zu sein und sich zum Regisseur des evolutionären Wandels aufzuschwingen. Wenn Führungskräfte dazu nicht bereit sind, macht sich die Einstellung breit: »Warum sollte ich in die Verantwortung gehen, wenn es schon mein Chef nicht macht?« Und das darf nicht sein!

Fehler 4: Sie begehen aus Angst vor dem Tod Selbstmord

Eine der größten Gefahren für das Scheitern ist die Angst vor dem Scheitern. Wie das Kaninchen vor der Schlange verfallen Unternehmen in eine Schockstarre, weil die Verantwortlichen sich zu intensiv mit den Szenarien des Scheiterns beschäftigen. Dies führt zu überbordendem Perfektionismus – Unternehmer und Führungskräfte wollen erst dann handeln und den nächsten Schritt auf dem Weg zum evolutionären Unternehmen wagen, wenn eine Planung mit hundertprozentiger Erfolgswahrscheinlichkeit vorliegt, was schon ein Widerspruch in sich ist, denn eine hundertprozentige Erfolgswahrscheinlichkeit und -sicherheit gibt es nicht.

Es ist besser, unperfekt zu starten, als auf den perfekten Startzeitpunkt zu warten, der vielleicht niemals eintritt. Oder der dann verpasst wird. Einfach loslegen, einfach mit der Philosophie der kleinen Schritte, der Baby-Steps, den nächsten Entwicklungsschritt gehen und vom Theoretisieren und Planen ins Handeln und in die Umsetzung gelangen: Das ist die mutige und zukunftsorientierte Haltung, mit der ein evolutionärer Entwicklungssprung funktionieren kann.

Fehler 5: Sie holen nur Unterstützer des evolutionären Wandels ins Boot

Evolutionäre Entwicklung lebt von der Anpassung. Im evolutionären Prozess sollte jede eindimensionale Festlegung vermieden werden. Darum besteht ein schlimmer Fehler darin, nur Menschen mitwirken zu lassen, die gern Ja sagen. Es ist fatal, nur mit den Ja-Sagern zu kooperieren. So entstehen Routinen, Gewohnheiten und Bequemlichkeiten, die als Widersacher des Innovativen wirken können. Sie berauben sich dann der Möglichkeit, sich durch belebenden Widerspruch, Dissens und die Macht der Gegensätze kreativ weiterzuentwickeln. Das dialektische Prinzip besagt, dass aus den Gegensätzen etwas gewinnbringendes Drittes entstehen kann, das das Unternehmen nach vorn bringt. Darum:

 Lassen Sie unbequeme Querdenker nicht außen vor, integrieren Sie deren Widerspruch in den evolutionären Prozess.

Fehler 6: Sie halten an bewährten Erfolgsrezepten und Glaubenssätzen fest

Dieser Stolperstein ist mit dem vorherigen Fehler verwandt: Sie vertrauen dem, was »früher« funktioniert hat, und können sich nur schwer von den Erfolgsrezepten der Vergangenheit trennen. Diese Einstellung hat viel damit zu tun, dass die meisten Menschen generell Veränderungen ablehnen und lieber »alles beim Alten« belassen wollen, statt mutig Veränderungsprozesse anzupacken.

Sicherlich: Das Bewährte zu bewahren ist in evolutionären Unternehmen, die Anpassungsprozesse anstreben, ein positiver Wert. Es ist jedoch wenig zielführend, wenn sich niemand traut, Dinge zu hinterfragen, auch einmal eine »Heilige Kuh zu schlachten« oder »alte Zöpfe abzuschneiden« und sich von Grundsätzen, Gewohnheiten und Überzeugungen zu trennen, die zwar in der Vergangenheit zum Erfolg geführt, sich jedoch mittlerweile überlebt haben.

Nun lässt sich trefflich darüber streiten, welche Glaubenssätze und Überzeugungen die evolutionäre Entwicklung behindern. Blockierende Glaubenssätze, denen ich im Gespräch mit Führungskräften häufig begegne, sind zum Beispiel, dass Menschen mehr leisten, wenn man ihnen mehr Geld zahlt. Und dass sich mit einer leistungsabhängigen Vergütungskomponente die Motivation der Mitarbeiter erhöhen lässt. Viele Führungskräfte sind zudem der Meinung, es sei schädlich, wenn sie ihr Wissen teilen. Sie nutzen ihr Herrschaftswissen, um ihren jeweiligen Machtbereich abzusichern oder zu vergrößern. Oft unterstellen sie ihren Mitarbeitern, Freiräume, die sie ihnen geben, zu missbrauchen. Sie sind davon überzeugt, dass Mitarbeiter keine Verantwortung übernehmen wollen und nicht vertrauenswürdig sind und darum kontrolliert werden müssten. Über das dahinterstehende Menschenbild haben wir bereits im achten Kapitel reflektiert.

All dies sind aus meiner Sicht kontraproduktive Glaubenssätze, durch die Menschen daran gehindert werden, sich offensiv und aktiv für die zukunftsorientierte Unternehmensentwicklung zu engagieren. Eine wertschätzende Führungsphilosophie ist eher geeignet, das Engagement der Mitarbeiter für die Erreichung evolutionärer Ziele zu erhöhen. Wer die Rahmenbedingungen schafft, durch die Menschen ihre Potenziale entwickeln können, wird durch die aktive Teilnahme an der evolutionären Entwicklung belohnt werden.

 Kommen Sie den Glaubenssätzen auf die Spur, die eine evolutionäre Entwicklung in Ihrem Verantwortungsbereich behindern. Tauschen Sie sie gegen Überzeugungen aus, die die Entwicklung vorantreiben.

Fehler 7: Sie haben Angst vor einer offenen Informations- und Kommunikationspolitik

Jeder Veränderungsprozess birgt Konfliktstoff in sich und hat das Potenzial, Menschen zu irritieren und abzuschrecken. Daraus ziehen viele Verantwortungsträger den kontraproduktiven Schluss, es sei besser, die beteiligten Menschen gar nicht erst auf die möglichen Gefahren und Risiken der evolutionären Entwicklungen und Veränderungen hinzuweisen. Statt offen und transparent zu informieren und Fortschritte, aber auch Rückschritte zu kommunizieren, wird eine Rhetorik des Nichtaussprechens und des Verschweigens favorisiert. Spätestens dann, wenn die Konsequenzen einer unliebsamen Entwicklung unübersehbar sind, schlägt diese Politik der Intransparenz doppelt auf die Entscheider zurück: Denn jetzt haben sie nicht nur mit jenen nachteiligen Konsequenzen zu kämpfen, sondern müssen sich überdies von den Mitarbeitern – und zwar zu Recht! – die Frage stellen lassen, warum diese nicht frühzeitig informiert worden sind. Dies führt zu einem Vertrauensverlust. Noch desaströser stellen sich die Folgen einer intransparenten Informations- und Kommunikationspolitik dar, wenn die Negativentwicklungen über den berühmt-berüchtigten Flurfunk und informelle Quellen transportiert werden. Die Gerüchteküche brodelt und überschaubare Risiken, die sich eventuell noch in den Griff bekommen ließen, wachsen zu riesigen, nicht mehr beherrschbaren Problembergen heran. Darum:

 Zielführend ist es, eine offene Informations- und Kommunikationspolitik zu betreiben und darauf zu setzen, dass die Mitarbeiter verantwortlich mit den Informationen umgehen.

Fehler 8: Sie vernachlässigen Ihre Kunden und deren Erwartungen

Die evolutionäre Entwicklung kann auch scheitern, weil das Kerngeschäft vernachlässigt wird und ein Unternehmen seiner originären Aufgabe nicht nachkommt, seine Produkte und Dienstleistungen ständig zu verbessern und die Wünsche und Erwartungen der Kunden in den Fokus zu stellen. Wem es nicht gelingt, überall dort, wo Kunden mit dem Unternehmen in Berührung kommen, die Menschen zu überzeugen und zu begeistern, der wird sich nicht lange am Markt halten können.

 Vergessen Sie nicht, womit Ihr Unternehmen sein Geld verdient.

Ihr Zehn-Schritte-Programm zum evolutionären Unternehmen

Wenn es Ihnen gelingt, jene Fehler zu vermeiden und die Stolpersteine zu beseitigen, ist der Weg geebnet, mithilfe zehn evolutionärer Schritte erfolgreich zu sein:

❈ *Schritt 1:* Definieren Sie Ihr evolutionäres Ziel – den fundamentalen unternehmerischen Zweck Ihres Unternehmens, der seine Existenz legitimiert.

❈ *Schritt 2:* Entwickeln Sie das Unternehmen unter den Aspekten der Nachhaltigkeit, der Sinnstiftung und Werteorientierung, der Fairness, der Potenzialentfaltung sowie der Transparenz.

❈ *Schritt 3:* Sorgen Sie dafür, dass sich alle Führungskräfte und Mitarbeiter mit der *Executive Personal Brand Strategy* zu fokussierten Persönlichkeiten entwickeln können, die über dasselbe oder zumindest ein ähnliches Wertegerüst verfügen.

✳ *Schritt 4:* Etablieren Sie eine wertschätzende Unternehmens-kultur, die die Beziehungen aller Menschen durchdringt, die mit dem Unternehmen zu tun haben.

✳ *Schritt 5:* Überprüfen Sie, ob die Voraussetzungen für den evolutionären Kulturwandel erfüllt sind. Dieser gelingt nur, wenn das Management diesen will und unterstützt und alle Führungs-kräfte und Mitarbeiter beteiligt werden.

✳ *Schritt 6:* Beachten Sie dabei die evolutionären Prinzipien des lebenslangen Lernens, wozu das Ausprobieren, Kommunikation auf Augenhöhe, das Erzeugen von Resonanz, Baby-Steps und Selbstorganisation gehören.

✳ *Schritt 7:* Nutzen Sie jede Möglichkeit, Wirtschaftlichkeit und Ethik sowie Ökonomie und Ökologie auf der Basis einer So-wohl-als-auch-Einstellung zusammenzudenken.

✳ *Schritt 8:* Bauen Sie eine Haltung des Gelingens auf.

✳ *Schritt 9:* Nutzen Sie die Werkzeuge des Gelingens, mit denen Sie Veränderungs- und Transformationsprozesse verwirklichen.

✳ *Schritt 10:* Schaffen Sie Strukturen zur Selbstorganisation und bauen Sie die Kompetenz zur Selbstreflexion auf.

Stolpersteine aus dem Weg räumen: Das Wichtigste im Überblick

✳ Unternehmen, die sich auf den evolutionären Weg begeben, unter-laufen ähnliche Fehler. Wer sie kennt, kann sich dagegen wappnen.

✳ Das Zehn-Schritte-Programm zum evolutionären Unternehmen sichert Zukunftsfähigkeit.

Danksagung

Dieses Buch ist mit der Unterstützung vieler Menschen entstanden, die ihr Wissen und ihre Erfahrungen mit mir geteilt haben. Mein besonderer Dank gilt allen Kunden und Klienten, die wir auf ihrem evolutionären Weg erfolgreich begleiten durften und weiterhin begleiten.

Mein ganz besonderer Dank gilt meinem Mann Thomas, der mich in meinen Aktivitäten uneingeschränkt unterstützt und mir zur Seite steht. Ebenso den Kollegen und Kolleginnen, die mich immer wieder inspiriert und zum gemeinsamen Lernen und Wachsen angeregt haben. Zudem danke ich Reiner Bahr, der als aufmerksamer Zuhörer und kritischer Mitdenker an meiner Seite stand, sowie Thomas Gosciniak als Mentor und Freund für sein offenes Ohr, seine klaren, Mut machenden Worte und seine bewundernswerte Gelassenheit.

Michael Madel gilt ein großer Dank. Er hat mich mit seinem professionellen Lektorat begleitet und mir den Rücken gestärkt. Und Dorothee Wolters danke ich für ihre anschaulichen Grafiken und Illustrationen. Mein Dank gilt auch der Programmleiterin Sandra Krebs vom GABAL Verlag sowie dem gesamten GABAL-Team für die großartige Unterstützung.

Liebe Leserinnen, liebe Leser,

wenn Sie über Neuigkeiten, Vorträge und Workshops informiert werden wollen oder auch Anregungen und Erfahrungen teilen möchten, besuchen Sie mich unter Nienkerke-Springer Consulting auf Facebook oder Linkedin oder senden Sie mir eine E-Mail an ans@nienkerke-springer.de.

Ich werde dann mit Ihnen Kontakt aufnehmen.
Ich freue mich auf Ihre Zuschrift.

Herzlichst,
Ihre
Anke Nienkerke-Springer

Literatur und Quellen

Barrett, Richard: *Werteorientierte Unternehmensführung. Cultural Transformation Tools für Performance und Profit.* Springer Gabler, Heidelberg 2016

Beise, Marc: Interview in Salesforce. Ausgabe 8, 2019, S. 29

Boston Consulting Group, StepStone und The Network: *Deutschland zweitbeliebtestes Arbeitsland weltweit.* Quelle: www.stepstone.de/Ueber-StepStone/knowledge/global-talent/, Juni 2018, aufgerufen am 09.09.2019

Brecke, Jan: *Singularity Leadership. Was Sie jetzt tun müssen, damit Ihr Unternehmen die digitale Revolution überlebt.* Books on Demand, Norderstedt 2018

Brockhoff, Stephan; Panreck, Klaus: *Menschlichkeit rechnet sich. Warum Wertschätzung über den Erfolg von Unternehmen entscheidet.* Campus Verlag, Frankfurt am Main 2016

Buhr, Andreas; Feltes, Florian: *Revolution? Ja, bitte! Wenn Old-School-Führung auf New-Work-Leadership trifft.* GABAL Verlag, Offenbach 2018

Dilk, Anja: *Neue Kultur gesucht. Macht's menschlicher.* In: manager-Seminare, Heft 235, Oktober 2017, S. 18–26

Dilk, Anja; Littger, Heike: *Das ausgebrannte Unternehmen. Organisationales Burnout.* In: managerSeminare, Heft 125, August 2008, S. 18–24

Dörner, Dietrich u. a.: *Lohhausen. Vom Umgang mit Unbestimmtheit und Komplexität.* Hans Huber Verlag, Bern 1994

»Ethischer Imperativ«: https://de.wikipedia.org/wiki/Ethischer_Imperativ, aufgerufen am 09.09.2019

Eckrich, Klaus: *Kulturveränderung in Unternehmen. Die verborgene Führungsdisziplin.* Verlag Franz Vahlen, München 2017

Ferrero: www.ferrero.de und www.ferrero.de/ferrero-ethik-kodex, aufgerufen am 09.09.2019

Fink, Franziska; Moeller, Michael: *Purpose Driven Organizations. Sinn – Selbstorganisation – Agilität.* Schäffer-Poeschel Verlag, Stuttgart 2018

Fleig, Jürgen: *Grundlagen der Szenario-Technik.* www.business-wissen. de/hb/grundlagen-der-szenario-technik/, veröffentlicht am 15.08.2017, aufgerufen am 09.09.2019

Gallup Institut: *Allgemeine Informationen zum Engagement Index*: www. gallup.de, aufgerufen am 09.09.2019

Gallup Institut: *Pressemitteilung vom 29. August 2018 zum Engagement Index 2018:* »*Die Unternehmenskultur entscheidet maßgeblich über den wirtschaftlichen Erfolg*«. Quelle und Downloadmöglichkeit: www.gallup.de/183104/engagement-index-deutschland.aspx, aufgerufen am 09.09.2019

Glasl, Friedrich; Lievegoed, Bernard: *Dynamische Unternehmensentwicklung. Grundlagen für nachhaltiges Change Management.* Haupt / Freies Geistesleben, Bern, Stuttgart, 5. Auflage 2016

GLS Bank: *Informationen zu dem Unternehmen.* www.gls.de, aufgerufen am 09.09.2019

Hennerkes, Brun-Hagen: *Die Familie und ihr Unternehmen. Strategie, Liquidität, Kontrolle.* Campus Verlag, Frankfurt / Main, New York, 2. Auflage 2004

Hersey, Paul; Blanchard, Kenneth u. a.: *Management of organizational Behavior. Utilizing Human Resources.* Prentice-Hall, Upper Saddle River 1977

Janis, Irving: *Groupthink.* Houghton Mifflin Company, Boston, Second Edition 1982

Janssen, Bodo: *Die stille Revolution – Führen mit Sinn und Menschlichkeit.* Ariston Verlag, München 2016

Klawitter, Nils: *Umsatz und Moral.* In: Der Spiegel 04/2019, S. 64–65

Kohlhof, Joachim: *Ohne Anstand und Moral. Beiträge zur wirtschafts- und gesellschaftsethischen Diskussion.* Rosenberger Fachverlag, Leonberg 2002

Laloux, Frederic: *Reinventing Organizations. Ein Leitfaden zur Gestaltung sinnstiftender Formen der Zusammenarbeit.* Verlag Franz Vahlen, München 2015

Lay, Rupert: Ethik für Manager. Econ Verlag, Düsseldorf, New York 1989

Management Zentrum St. Gallen: www.sgmm.ch, aufgerufen am 09.09.2019

McGregor, Douglas: *The Human Side of Enterprise.* McGraw-Hill, New York 1960

Meck, Georg: *Unternehmen auf »Sinnsuche«: Von Kapitalisten zu Weltverbesserern.* https://www.faz.net/aktuell/wirtschaft/unternehmen/unternehmen-auf-sinnsuche-von-kapitalisten-zu-weltverbesserern-16080256.html, Artikel vom 11.03.2019, aufgerufen am 09.09.2019

Mewes, Wolfgang, Engpasskonzentrierte Strategie: https://eks-akademie.de/, aufgerufen am 09.09.2019

Meyer, Christoph: *Erfindung des Fortschritts: Die Dampfmaschine von James Watt wird 250.* https://www.heise.de/newsticker/meldung/Erfindung-des-Fortschritts-Die-Dampfmaschine-von-James-Watt-wird-250-4260401.html, Artikel vom 01.01.2019, aufgerufen am 09.09.2019

Nadolny, Sten: *Die Entdeckung der Langsamkeit.* Piper Verlag, München, Erstauflage 1983

Nienkerke-Springer, Anke: *Personal Branding durch Fokussierung. In 10 Schritten zur einzigartigen Persönlichkeit.* GABAL Verlag, Offenbach 2018 (= Nienkerke-Springer 2018a)

Nienkerke-Springer, Anke: *Mit Coaching zum Personal Brand. Führungskräfte auf dem Weg zur Einzigartigkeit begleiten.* In: Coaching-Magazin 04/2018, S. 26–31 (= Nienkerke-Springer 2018b)

Nienkerke-Springer, Anke: *Karriere: Personal Brand aufbauen.* www.business-wissen.de/artikel/karriere-personal-brand-aufbauen/, aufgerufen am 09.09.2019

Nienkerke-Springer, Anke: *So pushen Sie Ihren Personal Brand mit Social-Media-Aktivitäten.* In: Impulse für Social Media und Online-Marketing. Jünger Medien Verlag, Offenbach 2017, S. 74–84

Nienkerke-Springer, Anke: *Spagat für Führungskräfte.* In: Tele Talk 07/2017, S. 16–17

Nienkerke-Springer, Anke: Leadership: *Die sieben Kernkompetenzen der agil-widerstandsfähigen Führungspersönlichkeit.* www.starting-up.de,

13. Mai 2017: http://www.starting-up.de/praxis/soft-skills/7-skills-fuer-leaders.html, aufgerufen am 09.09.2019

Nienkerke-Springer, Anke: *Authentische Führung: In 7 Schritten zur starken Führungspersönlichkeit.* www.unternehmer.de, 20.April 2017: www.unternehmer.de/management-people-skills/193919-authentische-fuehrung, aufgerufen am 09.09.2019

Nienkerke-Springer, Anke: *Bewältigungsstrategien für die Herausforderungen der Vuca-Welt.* In: KMU-Magazin 03/2017, S. 22–24

Nienkerke-Springer, Anke: *Personal Branding: Wer nicht fokussiert, verliert.* In: wissensmanagement 02/2017, S. 48–49

Nienkerke-Springer, Anke: *Walk your talk.* In: starting up 02/2017, S. 50–51

Nienkerke-Springer, Anke: *Typgerechte Kundenansprache oder: Kunden sind auch Menschen.* In: Präsentieren und Aktivieren. GABAL Impulse. Jünger-Medien Verlag, Offenbach 2016

Oestereich, Bernd; Schröder, Claudia: *Das kollegial geführte Unternehmen. Ideen und Praktiken für die agile Organisation von morgen.* Verlag Franz Vahlen, München 2017

Porter, Michael E.: *Wettbewerbsvorteile. Spitzenleistungen erreichen und behaupten.* Campus Verlag, Frankfurt / Main, New York, 8. Auflage 2014

Porter, Michael E.: *Wettbewerbsstrategie. Methoden zur Analyse von Branchen und Konkurrenten.* Campus Verlag, Frankfurt / Main, New York, 12. Auflage 2013

Rehn, Götz E.: *Zusammenarbeit neu gestalten.* Vortrag, 4. November 2015. Erschienen in der Reihe »Beiträge zur Sozialorganik«, Nr. 1/2016, Alfter bei Bonn 2016. Siehe auch: https://www.youtube.com/watch?v=4dkq7OTNbPc, aufgerufen am 09.09.2019

Rosenbach, Marcel; Salden, Simone: *Schmerzfrei spenden.* In: Der Spiegel 38/2018, S. 72–73

Roßmann, Dirk (mit Peter Käfferlein und Olaf Köhne): *»... dann bin ich auf den Baum geklettert!« Von Aufstieg, Mut und Wandel.* Ariston Verlag, München 2018

Scherdel-Gruppe: Unternehmensleitbild und Führungsgrundsätze der Firmengruppe Scherdel. www.scherdel.de und http://scherdel.de/images/Unternehmensleitbild2010.pdf, aufgerufen am 09. 09.2019

Schlag, Hans-Günther: *Abenteuer Führung.* Wirtschaftsverlag Langen Müller/Herbig, München 1992

Schmidt, Josef: *Wirtschaftsethik. Die Lehre vom sinnvollen Miteinander und der Verantwortlichkeit. Ethik: Basis für Glück und Erfolg.* Verlag Sicher Wissen, Bayreuth 2017

Schulz von Thun, Friedemann: *Miteinander reden.* Band 1–4. Rowohlt Taschenbuch Verlag, Hamburg 2019 (Sonderausgabe)

Share Foods (Informationen zu dem Unternehmen): www.share.eu, aufgerufen am 09.09.2019

Simon, Hermann: *Schaffung und Verteidigung von Wettbewerbsvorteilen.* In: Simon, Hermann; Bohnenkamp, Jörg: Wettbewerbsvorteile und Wettbewerbsfähigkeit. Fachverlag für Wirtschaft und Steuern. Schäffer Verlag, Stuttgart 1988, S. 1–17

Sywottek, Christian: *Die acht Bausteine der Reputation.* In: brand eins: Reputation. Heft 10. November 2018, S. 8–13

VAUDE: *Nachhaltigkeitsbericht 2018.* Veröffentlicht am 01.08.2019. https://nachhaltigkeitsbericht.vaude.com/gri/csr-standards/nachhaltige-entwicklungsziele.php, aufgerufen am 09.09.2019

Wegner, Oliver: *Die Wachstumsformel. Wie Unternehmen florieren statt einfach nur größer zu werden.* Wiley-VCH Verlag, Weinheim 2018

Werner, Götz W.: *Der dm-Chef im Gespräch mit Sabine Olschner.* www.karrierefuehrer.de/prominente/interview-goetz-werner.html, aufgerufen am 09.09.2019

Werner, Götz W.: *»Mitarbeiter sind keine Kostenfaktoren.« Götz Werner im Gespräch mit Cliff Lehnen* (am 02.04.2018). www.personalwirtschaft.de/fuehrung/artikel/interview-goetz-werner-new-work-experience-2018.html, aufgerufen am 09.09.2019

Wittmann, Stephan: *Ethik für Manager – Wie Führungskräfte bei ihren Entscheidungen ethische Werte berücksichtigen können.* In: Der Karriereberater: Werte und Management. VBU Verlag, Bonn 1995, S. 15–38 (vergriffen)

Stichwortverzeichnis

»Augenblick, verweile doch, du bist
so schön«-Momente 142–144

Ambidextrie 66 f.
Anpassungsprozesse 13, 21, 49, 60,
62, 78, 96, 114, 164, 180

Baby-Steps
zum Kulturwandel 60, 119 f.,
189
Barrett, Richard 73 f.
Bedürfnispyramide 73
Bewusstseinsebenen 74, 78
Beziehungen 74
Dienen 77
innerer Zusammenhalt 76
Selbstachtung 75
Selbstreflexion 77
Transformation 75
Überleben 74
Unterschied machen 76

Commitmentkultur 63 f., 169
Corporate Branding 141 f.
Customer-Experience-Management
54

David, innerer 143 f.
Denken
dialektisches 173
Dewitz, Antje von 26 f., 51, 155

Diversity 204
dm 40 f., 51 f.

E-Faktor 131
Eisberg-Modell 177
Empathie 107, 115, 130 f., 172, 196
Empowerment 136 f.
Engpasskonzentrierte Strategie
(EKS) 191
Ent-Lernprozesse 75
Entwicklungsphasen 95
Ethik-Kodex 154, 158, 160 f.
Ethischer Imperativ 115
Executive Personal Brand Strategy
(EPBS©) 140 f.

Fairness 32 f.
Feedforward 112, 197, 199
Ferrero, Giovanni 159
Führen
bedürfnisorientiert 91
Führung im Kulturwandel 88
Führungsstil
kollaborativer 169

Gallup Engagement Index 33
Gefühlsebene 90
Geldanlagen
ethische 157
Gestaltbarkeit 137
GLS Gemeinschaftsbank 26, 51

Großgruppenveranstaltungen 93, 194
Grundeinkommen
  bedingungsloses 40
Gruppendenken 116

House of Change 179, 182, 185 f., 189

Janssen, Bodo 50 f.

Kernbotschaft 9, 11, 19, 22, 27, 31, 40, 71, 81, 99 f., 115, 140, 145–148, 160, 194
Kommunikation auf Augenhöhe 91 f., 115, 166
Konzentration 120, 191
Kooperationskultur 81
Kraftfeldanalyse 199 f.
Kulturveränderung
  disruptive 20, 60, 64, 66
  evolutionäre 21, 60, 66
Kundenorientierung 55

Lebenszyklus-Modell 94
Leitwerte 16
Lernkultur 52
Lernkurve 176
Lohhausen-Studie 212

Maslow, Abraham 73
Meetingkultur 201–203
Menschenbild 26, 32, 50, 126 f., 129 f., 217
Menschlichkeit 48
Menschlichkeitsbilanz 49
Mewes, Wolfgang 191
Mission 15, 21, 28, 37, 40, 44, 71, 76, 146, 160
Mitarbeiterorientierung 50, 126, 129, 166

Nachhaltigkeit 29, 153
Netzwerke 203

Partizipation 92 f., 130, 167, 170
Perfektionismus 215
Personal Brand 147–149
Perspektivenreichtum 114
PEST-Analyse 192
Potenzialentfaltung 33, 35, 136, 165
Prinzipien, evolutionäre
  ausprobieren 106
  Auswahl 108
  Baby-Steps 119 f.
  fragen 196
  Gemeinsamkeit 115
  lebenslanges Lernen 104 f.
  Resonanz 117 f.
  Selbstbefragung 110, 112
  Selbstorganisation 121 f., 171, 214
  Wachstum 113
Profitorientierung 18, 28, 42, 155, 157

Querdenker 161, 216

Rationalitätsmythos 90
Reflexionsschleife 187
Rentabilitätsdenken 154
Reputationsmanagement 56
Ritter, Alfred 155
ROI der Menschlichkeit 49
Roßmann, Dirk 41, 44, 72

Schulz von Thun, Friedemann 172
Selbstentfaltungstrieb 134
Share GmbH 27, 30
Shareholder-Ansatz 153
Sichtbarkeit 147
Singularity Leadership 62
Sinnstiftung 30, 32, 81, 89, 138
Sowohl-als-auch-Denken 123, 156, 171
Spiegelneuronen 117

Sprache
  achtsame 52
Stakeholder-Ansatz 153
Stakeholderbeziehungen 56, 142, 164
SWOT-Analyse 190

tayloristische Strukturen 166
Teamspirit 168, 204
Transparenz 23, 29, 35, 49, 52, 82, 152, 218 f.
Transzendenz 77
Trial-and-Error-Philosophie 108

Unternehmensidentität 14, 70, 76, 94, 142
Unternehmenskultur 9, 11, 13, 15, 20, 34, 40 f., 45, 51, 53, 60, 66, 87, 90, 101, 114, 128, 132, 135, 137, 142, 190, 204, 220, 224
Unternehmenskulturanalyse 97
Unternehmensphilosophie 15, 164
Unternehmensstrukturen 101, 165
Unternehmerpersönlichkeit 43, 45, 139
Upstalsboom 50 f.

VAUDE 26 f., 30, 50, 100
Verantwortlichkeitskonzept 159, 170
Verantwortung
  gesellschaftliche 153
Verantwortungsvakuum 215
Verbesserungsvorschläge 170
Verstehbarkeit 137
Vertrauensaufbau 53, 133
Vier-Ohren-Modell 172
Vision 15, 21, 26 f., 30, 71, 76, 99 f. 115, 140, 148, 160, 165, 180 f., 184, 189, 194, 204 f.5
Vorbildwirkung von Führungs- kräften 89, 132

Werner, Götz W. 40, 44, 51 f., 155
Wertegemeinschaft 116
Wertekatalog 100, 102
Werteorientierung 15, 18, 37, 70, 72, 76, 85, 91, 98, 102, 152, 219
Wertschätzung 51 f., 128 f., 132
Wettbewerbsvorteil
  strategischer 17
Wirtschaftsethik 151 f., 155 f.

Yousafzai, Malala 140 f.

Zehn-Schritte-Programm
  zum evolutionären Unternehmen 219 f.
Zielbild 63, 81, 189, 194
Ziel, innewohnendes 144
Zukunftsfähigkeit 151 f., 205
Zukunftslandkarte 194 f.
Zustimmungsenergie 89

Die Autorin

Die Management- und Organisationsberaterin Dr. Anke Nienkerke-Springer gilt als die führende Expertin für das Thema Change und Kulturwandel. Sie ist Geschäftsführerin und Inhaberin von Nienkerke-Springer Consulting (Köln, München).

Dr. Anke Nienkerke-Springer berät, coacht und begleitet Unternehmenslenker, Geschäftsführer und Führungskräfte in Transformationsprozessen, bei der Unternehmensnachfolge, der Entwicklung einer »Personal Brand Strategy« und entwickelt mit ihnen zukunftsorientierte Lösungen.

Unternehmenslenker und Führungskräfte profitieren von ihrer Lebenserfahrung und ihren langjährigen Erfahrungen in leitender Funktion im klinischen Bereich, in komplexen Projekten, verschiedenen Organisationen und Branchen. Als Autorin und Speaker ist sie gefragte Expertin bei den Themen »Personal Brand« und Unternehmenskultur, zu denen sie zahlreiche Beiträge veröffentlicht hat.

Darüber hinaus ist sie zertifizierter Senior Coach (DBVC), Lehrender Coach (SG) sowie zertifizierte Beraterin für Persönlichkeits- und Organisationsinstrumentarien. Sie lehrt Führungs- und Managementmethoden und Unternehmensführung an verschiedenen privaten Fachhochschulen.

Kontakt: www.nienkerke-springer.de